U0210114

室内设计师.59
INTERIOR DESIGNER

图书在版编目(CIP)数据

室内设计师.59,微空间 /《室内设计师》编委会编. — 北京：中国建筑工业出版社，2016.8
ISBN 978-7-112-19621-0

Ⅰ. ①室… Ⅱ. ①室… Ⅲ. ①室内装饰设计－丛刊
Ⅳ. ① TU238-55

中国版本图书馆 CIP 数据核字 (2016) 第 170349 号

室内设计师 59
微空间
《室内设计师》编委会 编
电子邮箱：ider2006@qq.com
微信公众号：Interior_Designers

中国建筑工业出版社出版、发行（北京西郊百万庄）
各地新华书店、建筑书店 经销
上海雅昌艺术印刷有限公司 制版、印刷

开本：965×1270 毫米 1/16 印张：11½ 字数：460 千字
2016 年 08 月第一版 2016 年 08 月第一次印刷
定价：40.00 元
ISBN 978-7-112-19621-0
（29125）

目录

CONTENTS

VOL.59

栏目	标题	作者	页码
视点	古人怎么居住	王受之 郭梅红	4
主题	微空间：微小却不卑弱的敬意		7
	内盒胡同		8
	南锣鼓巷胡同里的新家		17
	西贡小楼		24
	一个人的美术馆		30
	目田书店		36
	墨尔本北岸餐吧廊		42
	U Coppu 小吃店		46
	坦佩雷街头表演亭		50
	“无限定”的运动场		56
	沙漠庇护所		60
解读	华鑫慧享中心		64
	德富中学		72
论坛	清末民初徽州建筑西化现象之研究	陈泓	80
教育	垂直工作室模式的建筑设计教学探讨——以布拉格建筑学院《建筑设计》课程为例	蒲仪军等	86
人物	林迪：我干什么都是业余的		92
实录	朱家角安麓酒店		100
	圣特蕾莎之改造		108
	宜昌水云岚酒店		114
	昆明索菲特酒店		120
	韩国首尔雪花秀旗舰店 / 零售		124
	深圳爱波比国际幼儿园		130
	Hair Music 发型屋		134
	无锡时尚造型		140
	合润天香茶馆		144
	西湖边的 V+Lounge		148
谈艺	金木之和，本心极简		154
专栏	诗就在身边，谈城市微空间复兴的意义	闵向	158
	想象的怀旧——寻找巴瓦旅行随记	陈卫新	160
	吃在同济之：那些年我们吃过的饭店	高蓓	164
设计与收藏	灯火文明——千盏油灯收藏，半部陶瓷历史（下篇）	仲德崑	166
纪行	静谧与光明的交响——路易斯·康建筑之旅	潘冉	170

古人怎么居住

撰　文 | 王受之、郭梅红

最近，看到了国家公布的“2016年列入中央财政支持范围的中国传统村落名单”，其他省份不说，全国宋元明清古村落数量最大的广东潮汕地区一个也没有入选。也就是说，这一批数百个古村落将面临自生自灭的局面，实在令人唏嘘。随着改革开放以来三十多年的发展，除了偏远地区之外，国内不少乡村都受到不同程度的破坏。在拆旧建新的过程中，数以十万计的古村庄、镇落或者被拆除，或者被改建，而除了开发过程及市镇规划过程中所造成的破坏之外，居民自发重建的新住宅是也一类比较大规模的对旧村镇的破坏。时至如今，从东北到四川，从云南到山东，没有被改动过的村镇实在越来越少，甚至在很多省份几乎是完全看不到明清古村落了。在这股大拆大建的浪潮中，潮汕地区大量未被改造的古村落就显得越发珍贵。虽然高速铁路、新的高速公路、机场的陆续完工，给新一轮拆迁带来了动力。但是跨越了漫长的岁月后，潮州古村落依然一片片地屹立在田野里、山谷中，那种历史的穿透力、延续力实在是令人感动。

为什么要写这篇专栏呢？我认为如果仅仅只是保留一个古村落，完全只是标本，而潮汕地区这接近千个古村落里的人丁依旧兴旺，他们的工作生活一直在延续，周遭自然环境、人文风俗依旧，亦是历史的延续。这等水平的古早生活方式不被保护，匪夷所思。

去年有一批以色列的基因科学家来中国研究罗马时期流落在中国的犹太人的基因，从开封到潮州，他们也追踪汉族基因以作为汉人标准基因谱系研究之用。我遇到他们，问他们何以深入到粤东腹地？他们说潮州或许是研究汉族基因的最佳地区。潮州人大概有四个来源，其一便是先秦殷商后裔，主要来自河南安阳和山东，被认为具有很高纯度的汉族基因。几千年来，潮州人的基因就没有多少外来的混杂，所以，现在若要研究最正宗的汉族基因，潮州是最优秀的采样地点。

说到古人怎么居住，不妨去潮州乡下看看。从宋代以来，潮州的村镇就没有大规模变化过，因此，想要知道古代中国民居的格

院埕东西设龙虎门

桑浦山前的乌美村

局，在潮州地区采样就非常有意义。潮汕地区乡村由于其相对封闭的自然环境、传承有序的宗族文化传统和海外大量移民的故土情结，保留了大量传统民居群落。这些保留下来的乡村建筑群落，既面临着废弃与荒芜的可能性，又面临着脱离原生环境被工业社会产物所挤迫包围的现状。保护、发掘并转译潮汕传统建筑语言，成为亟待开展的工作。正因为如此，长江艺术与设计学院建筑师郭梅红与潮汕建筑研究家林凯龙带领一个班的学生深入一个选定的村镇做田野考察，开始破译潮汕住宅的“基因”链。

被选中作为考察点的是离开大学不远的邹堂乡，这个乡创建于南宋绍兴十一年(1141年)，到现在仍保留了宋代村落的列阵布局，没有什么改动。乡下面包括乌美、枫美、南陇、钱后、仙埔等自然村。邹堂乡的选址讲究风水，靠山面海，背靠桑浦山系，面向榕江入海口，几个错落有致的村庄在睡狮态的山前绵延十公里展开。背靠青山，面朝大海，乡民们可以从海洋和土地得到丰富的给养。乌美作为邹堂郑氏的发源地，保留了潮人“营宫室，必先祠堂；明宗法，继绝嗣，重祀田”的传统。在县志里也能发现对应的记载：“宋室南渡，始祖率子孙播迁来潮，定居城南隔江二十里之神山乡……神山乡隶属潮阳之隆井都，其地滨海水咸，不堪食用，始祖相视地脉，凿井得清泉二十四处，以供民食灌溉，乡邻德之。”

费孝通说：“乡土社会是由经验决定的，它们不能被计划，因为传统的生活方式是长久以来自然选择的最佳结果。”而我们去调查的这个乌美村就是最佳结果的典范。其选址在桑普山下的坡地，位于邹堂乡的最东端，村落以山麓的一块秀岩为中心展开，村前环以池塘与小溪串联而成的水系统。值得一提的是，这一水系统是由经梳理过的山涧流水形成的。村里的建筑是参考了四合院的形式，并做出修改，最终形成了几个大类，包括有“下山虎”、“四点金”、“驷马拖车”。这样的类型区分其实是对建筑实体单元的分析与归类。而潮汕建筑空间组合中虚体部分的创作，恰是承载最丰富的生活内容和记忆的部分。

走进村落里，仿佛回到了一种宋代的居住环境之中，住宅建筑被墙体所环抱，由此界定出宅门外的空间，而这一处空间被命名为“埕”。

水井与排水渠仍在使用

“金柱大门”形制的公祠，花岗岩材质替代木材，在潮汕的多风多雨气候中保存完好

以“下山虎”为基本单元的一组居住建筑

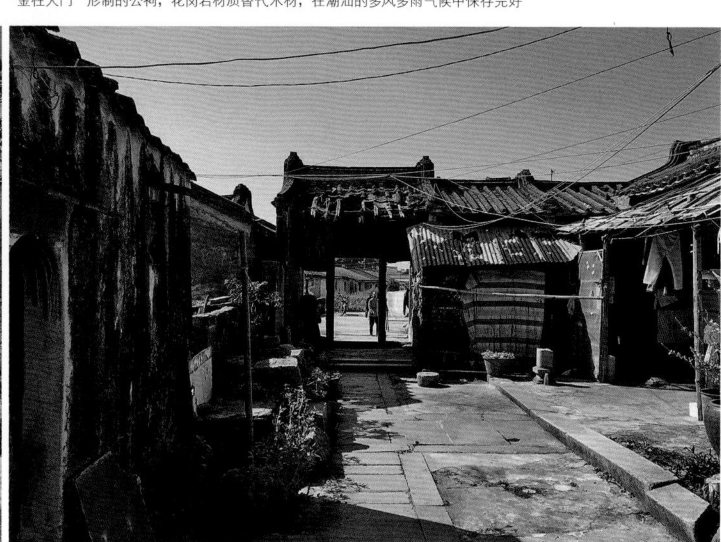

一处院埕内破败的生活场景

埕的周界物由墙、门楼、影壁、宅门、台阶、牌楼等建筑元素组成。而埕的空间亦是丰富而确定的，整齐且有一定规格的铺装、井台、水沟及旗杆石。埕，恰恰是生活的重要场所。从每日晚间的纳凉到宗族红白喜事的聚会与共享，从日常的洒洗晾晒到丰收的晒场，这个空间里的活动是世俗的，是欢乐的，是生动的。然而，隔了一道庄严的宅门，实与虚发生了转换，公共与私密发生了转换，精神与物质发生了转换。

我们还注意到宗法理念在建筑群落中的贯彻。从乌美村的布局来看，郑氏祖祠选址村落的最高点，背倚秀石，俯瞰村落次第展开，成为区域的视觉中心。

宗祠的空间组织序列是集中有序的，从正对阔埕的大门开始，到供奉祖宗牌位与画像的供厅，根据宗祠的规模可以分为门厅、中庭、拜亭、供厅等空间序列，围绕中庭的侧廊及院墙向心性明确，使宗祠的中庭成为体验天人合一的重要场所。宗祠建筑的装饰与建筑手段均采用最高的规格，注重光影的塑造与利用，体现宗法制度的崇高地位。而宗法理念在日常生活中的深刻影响，也可以从普通的民居建筑中被直观发现。无论是“下山虎”，还是“四点金”的建筑中，居住空间的采光与通风都没有过多关照，居于采光与通风最佳位置的空间是家庭聚居的厅堂。

在大家族偏好的“驷马拖车”等形制的建筑中，居住空间仍然被安置在开间窄小、采光通风较差的侧室内。而中心的厅堂除祖宗祭祀外还有家庭聚会和会友教学的功用，由此，我们可以看到中国传统氏族生活中对建筑教化作用的重视和对精神世界的追求。

现在，我们天天讨论如何发扬、保存民族传统。事实上，在经历了近现代的历次彻底性破坏后，许多传统也只剩下一张表皮，中国传统的居住、室内、景观、生活方式、信仰几乎在绝大部分地方荡然无存。幸有潮汕千乡，苟且偷生，还保留了一点点痕迹，实在可说是弥足珍贵！然而，可惜的是，和这个地区的其他古迹一样，并无人注重，只有村民遵循着古老的习惯生活，保留下一方净土，令人感叹。

我们室内设计师，这些年来已经从外国转移到现代，少数人进而从现代转移到民居。然而，真正的民居是如何的？多数人却茫然不知，用的不过只是贵胄的“皮”。反倒是这些潮汕村落，才真是值得我们好好学习！END

微空间：微小却不卑弱的敬意

撰文 | 小树梨

在由“增量发展”转向“存量发展”的大背景下，“微空间”一词开始引起人们的广泛关注。我们看到不少建筑师、设计师发起了一系列与微空间、城市微更新相关的活动；而随着如《梦想改造家》等公益改造节目的热播，愈来愈多的普通民众亦对老旧民居的改造翻新、社区微型公共空间的维护复兴有了更直观的认识。然而，究竟该如何定义“微空间”呢？不论是从功能或是面积来限定，难免都会有疏漏。

那么，不如抛开严苛精准的定义来看待这一现象。在本期中，我们转而将目光投向那些高姿态、大体量建筑的背面，将焦点落在那些背光的角落处、熙攘城市的夹缝间，甚至是喧嚣之外的荒芜之地。它们之中，有些是极“微小”，比如那藏在南锣鼓巷里的小家、为商务楼环绕的一个人的美术馆；有些是极“微妙”，比如那选在旧居民大楼顶层营业的目田书店、于废弃铁轨边新建的迷你餐吧廊；还有一些，甚至不是严格意义上的建筑，落在远离城市的、我们并不熟悉的地方，只为给行人旅客多添一个遮风避雨处，这份希冀似乎与“伟大”没有一丝关系，虽是极“微末”，却也极动人。

所以，对于微空间话题，我们不妨尝试用更宽容、更丰富多元的角度来解读。或许，包容与多样本就内含于微空间改造与复兴的命题之中。而我们对微空间项目的推广与支持，也并不意味着对大体量或者说是高层、超高层建筑的排斥。事实上，在土地有限、人口增长迅猛的当下，向更高处发展确实是对集约化用地的一种有效回应。然而，我们需要慎重思考的是，更高层的建筑、更快速的建造是不是唯一的方法？把一切老旧的、荒败的统统推倒重来，这样所谓的“城市美化”运动其恶果早已不必赘述。而我们以“微空间”为主题，其实也是想展现营造活动中更多的可能性。宏大自有宏大之美，而微乎其微之处，也有它微小而不卑弱的意义。或许，正如闵向在本期专栏中所写到的那样，微空间复兴的意义不仅仅在于对城市是种拯救，对我们也是一种救赎。何必一味去寻找更高深、更远大的意义？在我们引以为傲的建成环境中，那些不起眼的角落、那些容易被略过的夹缝，甚至是那些让人不自觉想要回避的地块，当我们轻柔地除去那层满是伤痕的外壳，抽丝剥茧般梳理出附在其上之过往的时光、如今的状况及未来的展望时，意义便就在那里了。

如果说，每一个微空间项目就像是茫茫沙漠里的一粒沙，或是无尽汪洋里的一滴水，其存在感是那么微小，微小到似乎就是世界之外的一个孤立的点。然而，当这一个个小点连成线，线再结为密实的网，相信终会给我们的城市、我们生活的地方回馈以无尽的养分。END

内盒胡同

COURTYARD HOUSE PLUGIN EN MASSE

摄　　影｜众建筑
资料提供｜众建筑

地　　点｜北京大栅栏
客　　户｜大栅栏更新计划
设计主持｜何哲、James Shen（沈海恩）、臧峰
项目团队｜崔刚健、陈亦怀、高天霞、蒋昊、林天泉、刘倩倩、孙黎明、王玮、张明慧、周颖
竣工时间｜2015年9月

内盒院是一个应用于旧城更新的预制化模块建造系统，自推出以来屡获殊荣。内盒院的本质是“房中房”，它提供了一种避免全拆重建、相对低造价的方法来提升人们的生活居住质量。内盒院是大栅栏更新计划的一个重要项目，旨在对这个离天安门最近的历史街区进行有效的保护和更新。

大栅栏地区没有经历大规模拆迁，仍保留有相对完整的狭窄胡同和老旧四合院，显得弥足珍贵。但也同样有着基础设施不完善、缺少卫生间下水管道、保温密闭隔声防潮等房屋质量不足的问题，使居民在生活上有着诸多不便。在过去的一年中，内盒院由实验性的样板成长为一个系统化的解决方案。

众建筑发展了一种特有的预制复合板材，集成了结构、保温、管线、门窗以及室内外装饰完成面。这种板材有着质量轻、易操作、运输经济等优点，用一个六角扳手就可以把它们锁在一起。几个毫无专业技术训练的人在一天之内就能完成一个完整的内盒房子的安装工作。完成之后的内盒房子有很好的保温与密闭性能，能耗约为新建四合院的 1/3，造价则约为修缮四合院的 1/2、新建四合院的 1/5。

内盒院还有着多样化的选配插件，如夹层、伸缩屋以及让室内与院子连通的上翻屋、滑动墙、大平开墙。卫生间的插件有两类，一是将卫生间污水处理为中水的净化槽，一是无水堆肥马桶。如为居住空间，可以选择插入厨房和卫生间；如为办公空间，也可以选择没有插件的基本内盒空间。

内盒院主要针对已腾退但长期空置的零散房屋；同时，希望提高居住质量但又不想重建房屋的本地居民，也是目标客户群。采用内盒院的居民有可能会得到一定的补贴，用于鼓励他们对自己房屋的修缮和投入。

在中国，很多老城区被不假思索地拆除，人们被迫离开家园，原有紧密的社区关联被切断，喧闹纷杂的历史图景被丢弃。相对于这种粗暴的、为短期利益所驱动的开发模式，内盒院则提供了一种追求长期社会利益的、更为健康的发展模式：居民们可以创建个人的、分散的、高效节能的基础设施，无需拆除房屋与依赖大市政基础设施即可直接提升居住质量。比起少数人的巨额投资，大量居民的个人微额投资反而会对这个地区的发展更为长期有效。END

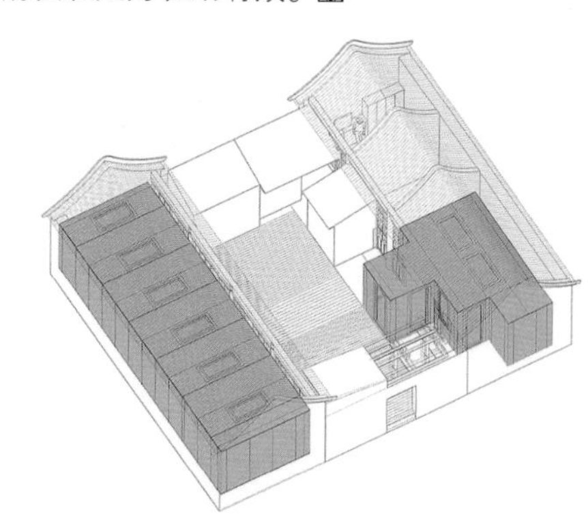

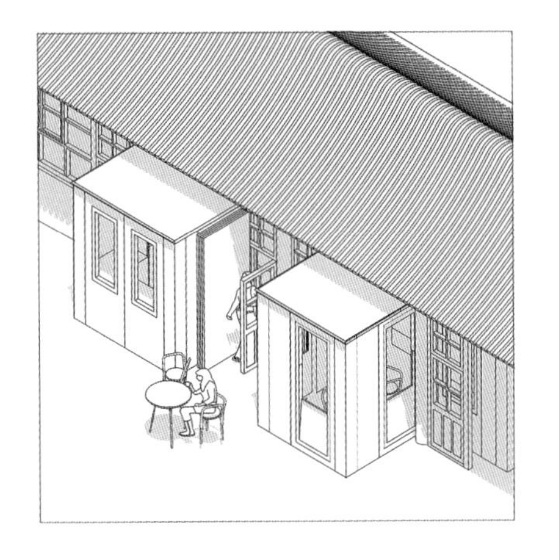

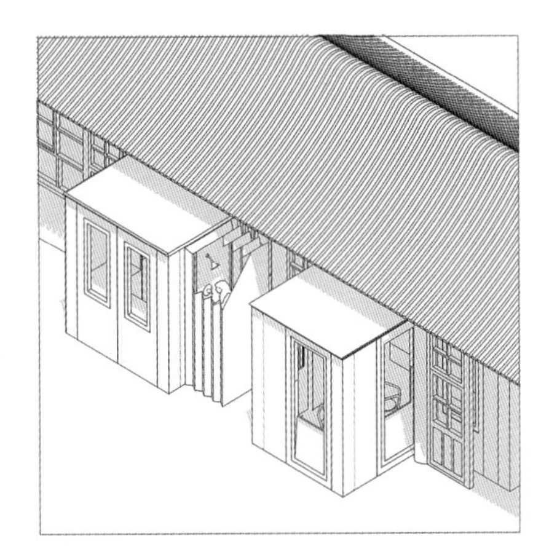

1　从院子看向办公室

2　内盒院改造范围图示

3.4　可变动的遮阳板及淋浴房示意

5　施工过程

1.5 住居的外部空间

2 邻里生活实景

3 大杂院一隅夜景

4 剖面图

1	4 5
2 3	6

1-3 客房内部
4.5 住居内部
6 办公室内部

南锣鼓巷胡同里的新家

NEW HOME IN HUTONG

撰　文　栗绯
摄　影　广松美佐江、宋昱明
资料提供　B.L.U.E.建筑设计事务所

地　点	北京南锣鼓巷
项目面积	“大户”：35m²；“小户”：3.1m²（院内）、3.7m²（临胡同）
建筑/室内设计	B.L.U.E.建筑设计事务所
主设计师	青山周平
设计团队	藤井洋子、杨睿琳、翟羽峰
设计时间	2015年4月~2015年8月
施工时间	2015年5月~2015年8月

对于很多在胡同里长大的人而言，胡同是一种充满人情味及美好记忆的所在；而对于各地的游客而言，胡同更是老北京文化的重要象征之一。然而，因为胡同内设施落后、空间不足等问题，不少对胡同有深厚感情的人也渐渐选择从胡同搬离迁往较远的新城区居住。由此以往，胡同的活力日渐衰弱。为了挽回这一令人痛惜的局面，近年来，一系列以旧胡同改造、更新为主题的活动被发起了，而南锣鼓巷的胡同改造项目正是其一。

受邀于上海东方卫视《梦想改造家》（第二季）栏目组，青山周平及其设计团队对南锣鼓巷胡同里的三间民居进行了公益改造。这三间房为两户人家所有，其中较大的一间（35㎡）为一家三代五口人（下称“大户”）所有，而两间较小的（分别为3.1㎡、3.7㎡）则属于一对年轻夫妇（下称“小户”）。考虑到“大户”和“小户”两家人不同的需求，设计师分别制定了不同的改造策略。

先说“大户”，青山周平在某次访谈中曾提到，他在初看到这家人的房子时就感触很深。他一方面觉得五口人挤在这样小的住居里生活，生活质量必然会受到影响；而在另一方面，他亦十分欣赏一家五口三代人生活在同一屋檐下的亲密的家庭氛围。所以，青山认为在改造中很重要的一点就是要保留这样一种极珍贵的亲密感。由此便产生了最基本的改造策略，即提供每个成员相对独立的生活空间之余，在细节上保留家庭成员之间交流的机会。首先，设计师在多处新开了天窗以保证采光，同时缩小了原来墙面上的窗洞尺寸以便更充分地利用墙面，使改造后的墙面起到了收纳的作用，由此释放出更多内部空间。其次，设计师在房子最为中心的区域加建了一个小图书馆，从室内各个小房间都可以看到它。由此，小图书馆也成为了家庭成员得以交流互动的共享空间。而对于孩子的小房间的设计，设计师在细节上也做出了非常贴心的处理：房内有小石头，有小树苗，还有自然渗入的天光。于是，哪怕孩子待在那不算宽敞的室内小天地时，他依然能感受到户外世界的开阔之感，保持对探索的热情。

再说“小户”，两间房间的面积都很小，在改造上的限制比较多。所以，设计师的关注点落在了“可变性”一词上，主要的策略即为增强垂直及水平方向上的可变性、伸缩性。“小户”中的一间主要是被用作厨房及餐厅，一张可渐进拉伸的桌子可满足2人、4人、8人不同情况下的用餐需求。当8人用餐时，餐台延伸到室外的院子里，而房顶上的可滑动格栅此时就可以被展开，起到遮阳之用。另一间房则主要作为卧室，借鉴的是中国古代科举考场“号舍”的设计。号舍内的桌板和座位可以通过高度的调整，而后拼成供考生晚上休息的床板，设计师在改造“小户”卧室时的灵感便源于此。将下部的木板置于五种不同的高度，即可实现茶室与卧室的切换；而上方还设有一块可升降的床板，以应对这对年轻夫妇将来所需之可能性。可升降床板利用了小型电机及不锈钢线，与下方可调整高度的木板相映衬，实现了中国古代智慧与现代技术的融合。

在青山周平看来，南锣鼓巷胡同两民居的改造具有很重要的意义。他认为，这样的改造其实是在尝试给人们一种希望，让人们能重新认识到胡同改造的可能性，保留并延续那种生活在胡同里的美好感受。就像他说的那样：“和其他商业项目不同，这次的改造直接影响两个家庭七个人将来十年、甚至二十年的生活。而我相信建筑空间有这样的力量去改变生活、改变家庭关系……”或许，这一份力量不需要过多的冗长的阐述。在节目最后那两家人脸上幸福的表情，还有那个孩子特别高兴、特别兴奋的模样，足以胜过任何语言。END

1	4 5
2 3	6

1.6 "大户"一层卧室

2 改造后的内院

3 设计手稿

4 改造后"大户"一层平面

5 改造后"大户"二层平面

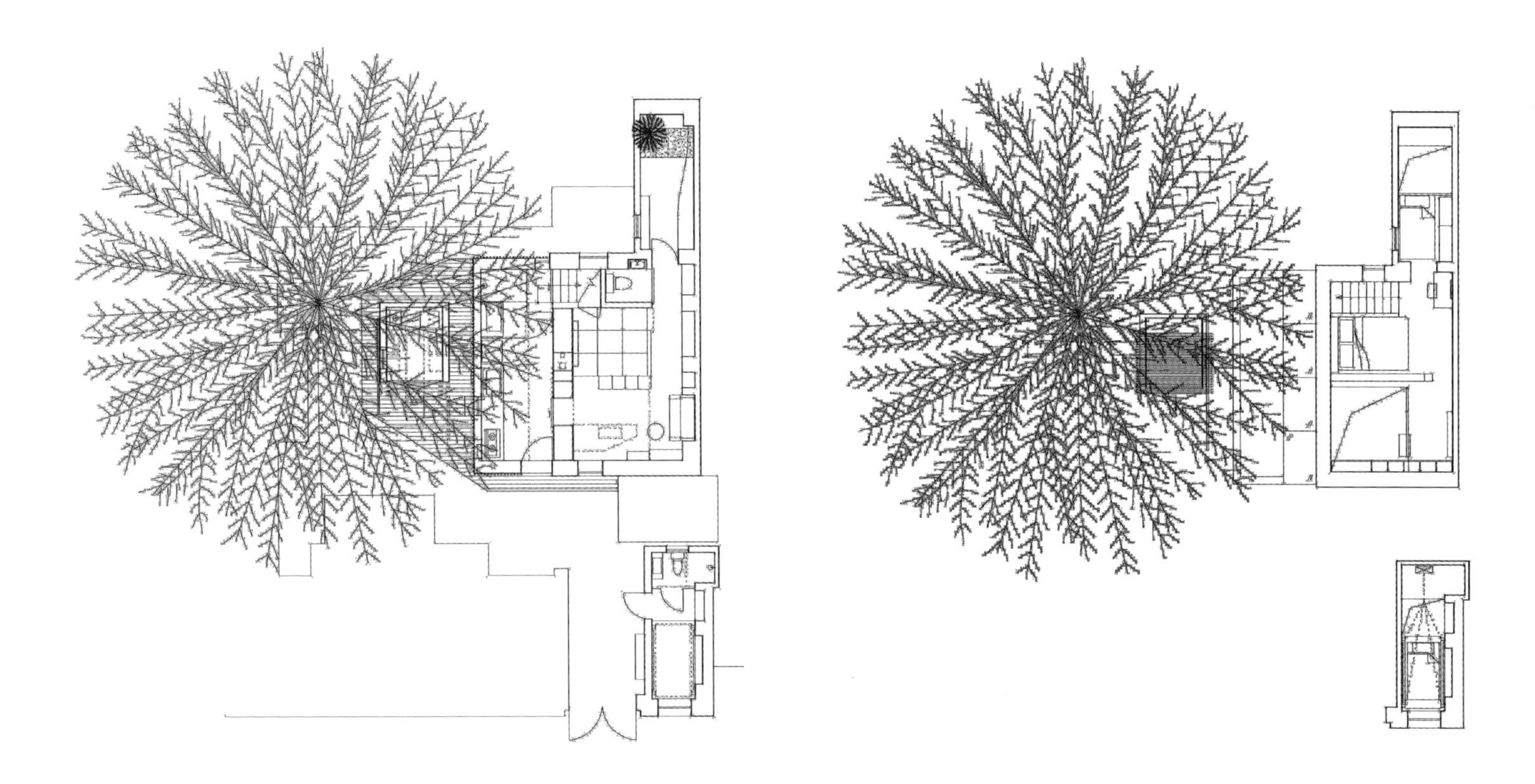

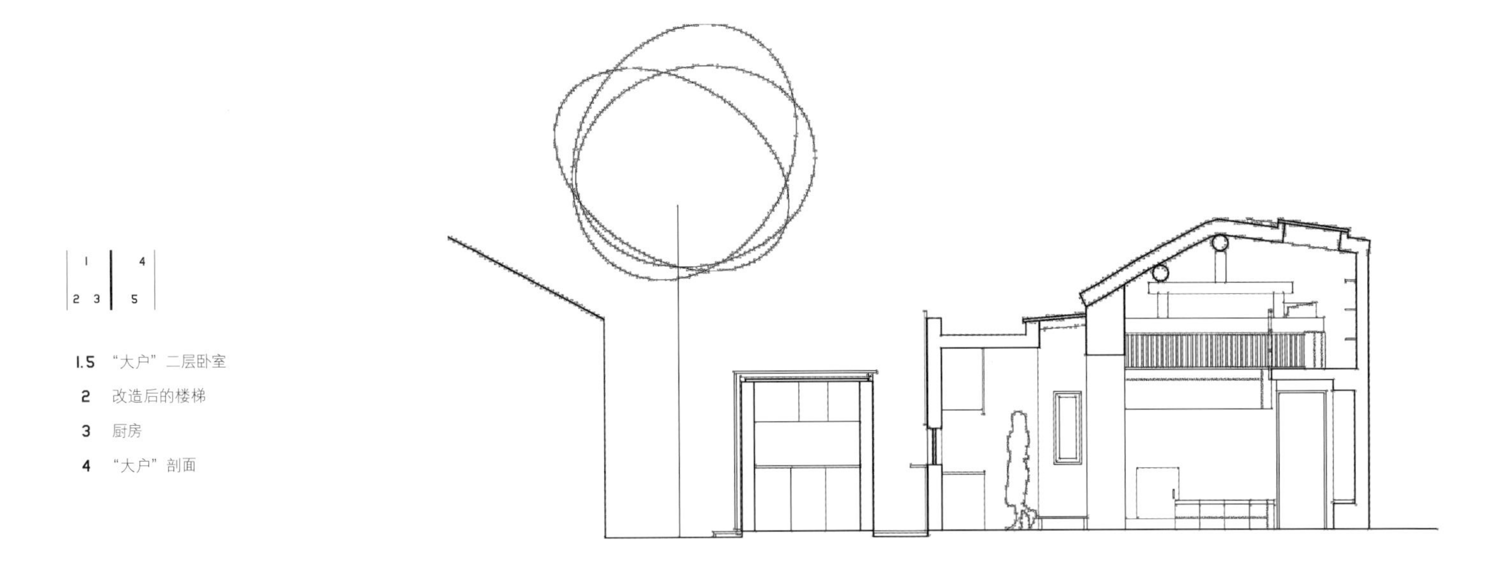

1.5 “大户”二层卧室

2 改造后的楼梯

3 厨房

4 “大户”剖面

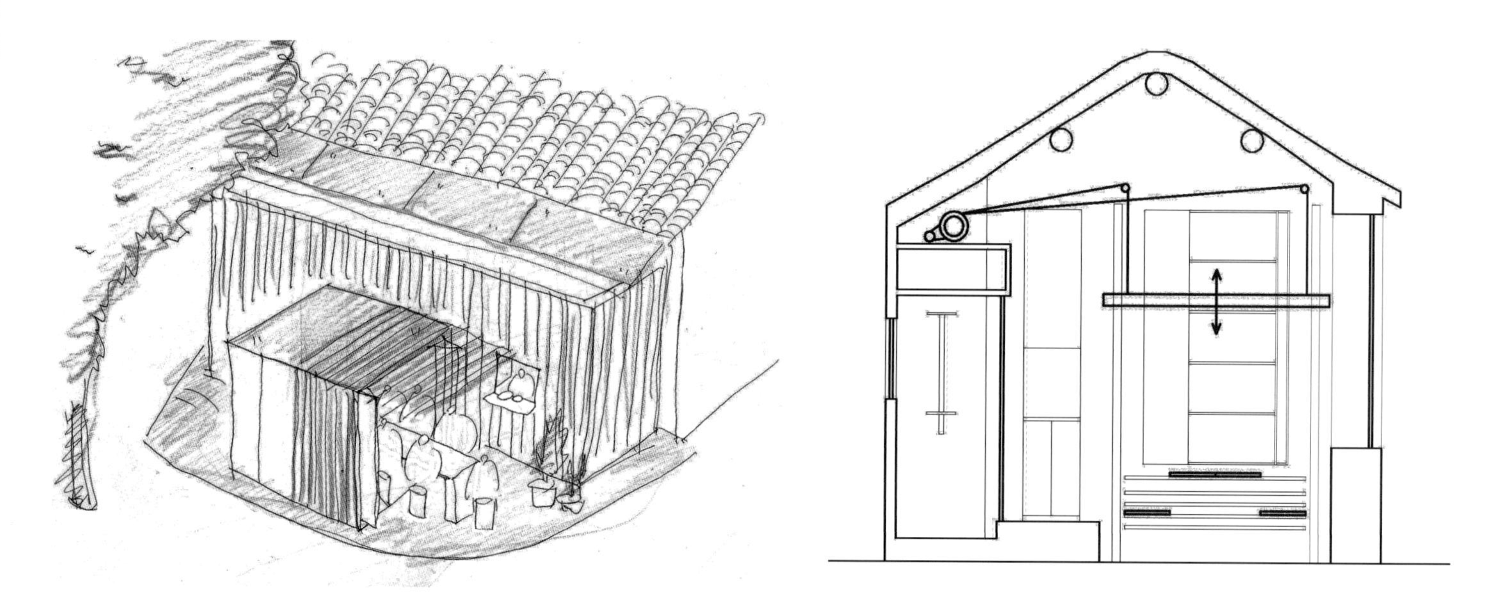

1 2 | 4
3 |

1 “小户”餐厅设计手稿

2 “小户”卧室剖面

3 “小户”临胡同空间改造后实景

4 “小户”卧室内部

西贡小楼
SAIGON HOUSE

撰　文	栗绯
摄　影	Quang Tran, Hiroyuki Oki
资料提供	a21studĭo

地　点	越南胡志明市
建筑公司	a21studĭo
场地面积	Tim Jackson, John Clements, Graham Burrows, Chris Botterill, Chris Rigney
施工单位	$45m^2$
主要结构	砖混
竣工时间	2015年9月

1 小楼内部楼梯
2 小楼模型
3 融入周围环境的外立面

西贡小楼的设计灵感来自于越南文化名人 Vuong Hong Sen 先生的故居，一栋典型的传统越南南部风格的民居。而 Vuong Hong Sen 先生本人对于越南历史及考古研究方面亦有很深的造诣。临终前，先生有一遗愿，即捐出楼内林林总总的藏品，并将小楼改为博物馆，以期将毕生收藏的文化珍品流传下去。然而，此愿未遂。许多藏品在先生故去后被偷盗，小楼也被改为满是烟火气息的街头餐馆。

建筑师痛惜于 Vuong Hong Sen 先生故居如今的荒败，同时亦对西贡文化的衰落感到无比心痛。如今，西贡的年轻一代都是在西式住居里成长起来的。这些西式民居形式十分雷同，分布在不可亲近的街道上，而曾经无比丰富的本土文化内涵却一天天地被消耗殆尽。在建筑师看来，导致这一局面的缘由很大一部分是因为在孩子们的教育里忽略了培养他们对于家乡的爱意与骄傲。由此，建筑师一直有意于打造一栋具有鲜明西贡当地特征的民居，将他们对于这片土地的深情厚谊传递给年幼的一代，使他们的童年里有更多关于家乡的温情回忆。

机缘巧合之下，建筑师得遇西贡小楼的业主。小楼业主厌倦了当地西式建筑的千篇一律，却十分喜爱怀念传统的西贡旧式住居，同时，她也希望小楼能被改造成一处可供家族成员团聚、孩子们畅快玩耍的地方。而这正与建筑师的想法不谋而合！

小楼位于西贡中心区域的一条小街道上，场地面积有限（3mx15m），与周围新旧宅子逼仄相接。在小楼的改造工程中，建筑师充分利用旧物废材，重现当地生活风情，且使之自然地融入周遭环境。改造后的小楼外立面并不突出，然而，其特有的温情气质仍引人驻足。建筑师为小楼增添了不少西贡当地的传统建筑元素，如层次丰富的坡屋顶、为各个小房间所围合的内庭院，还有种满鲜花的阳台。小楼内建筑师重新设计出的通道也别有特色，它们将楼内一个个像是悬浮着的“彩色盒子”似的小房间串联了起来，同时也可被用作是公共空间以供孩子们玩耍嬉戏或是大人之间的交流互动。阳光自屋顶倾泻而下，在小楼里的人们可感知到时光变幻、四季流转，这般感受在当下缺乏关怀、交流及自然气息的现代社会中，已十分少见。

值得再提的是，多数在改造中用到的材料是从西贡其他废弃的屋子里觅来的。这不仅是因为旧物总蕴含了一种别致之美，建筑师更希望通过这些老物件的再使用，使人们能够感知到那份跨越了漫久时光的羁绊。就像是一个原本有些哀伤的故事，经过建筑师的续写，在废墟里凋落的生命重现华光，无比珍贵的精神财富终得以传承。

改造后的西贡小楼，尺度宜人，居住感受十分舒适自然。然而，这一项目的意义绝不止于此。其中深意更在于爱的延续，建筑师在改造时将自己对家乡的爱意植下，小楼主人将这份情谊与自己的爱传递给他们的孩子，而孩子们长大后那份关于小楼、关于西贡家乡的脉脉温情也将传承给更年轻的一代，生生不息。END

1 内部实景
2 楼中楼结构
3 楼梯细节
4 内庭院

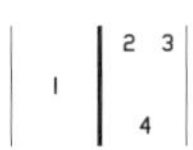

1.3.4 小楼内各处空间细节

2 悬浮的彩色“盒子”

一个人的美术馆

ONE PERSON'S GALLERY IN THE GAR

撰文 | shanghailander
摄影 | 邵峰

地点 | 上海徐汇区东湖路
主创设计师 | 俞挺
设计师 | 夏慕蓉
业主 | 何婧、拼拼办公
面积 | $120m^2$
主要材料 | 阳光板、花旗松、铜、水泥
竣工时间 | 2016年3月

1.2 美术馆庭院

3 设计草图

当建筑师俞挺第一次站在美术馆前身的庭院里时，这里到处堆满了杂物，行动困难，已经被当成仓库的空间仿佛一个刚被打开的时间胶囊，不同时期累积的装修一股脑地呈现在他面前。业主觉得稍稍改建就成了，但俞挺沉默了好久，轻轻叹了口气说："不如重新来过。"

业主交给俞挺的空间有两层，二层有独自入口，可以从外面沿着退台庭院进入。两层总共才 100m^2。因为没有原始图纸，所以改建的第一步是清除杂物。工人像掏兔子洞似的清理现场的样子给了建筑师很多灵感。首先，"拱"可以成为空间的装饰母题，因为这空间就像是个洞穴。其次，拆除会暴露许多意外，比如面砖剥离后的水泥粘合层具有漂亮的肌理，比如顶棚的粗糙但生动的木楼板，比如充满沧桑的钢柱，这些被掩盖的质感一旦显现后，就成为空间内无需修改的装饰。而在拆除的过程中，俞挺注意到所有的家具和旧门，包括上家业主遗留的佛像其实都是可以为新空间之用。

一楼二楼的楼梯在拆除的过程中，俞挺要求留了一小部分，并用玻璃将这部分小心翼翼地展示了出来，他不无得意地对助手说，这其实就是一个考古学设计。一楼的空间会被用来联合办公之用；二楼原本的定位为小展厅，用以展示业主自己的收藏之物，而俞挺则把它设计成一个了图书室，并在其中堆满了各种古董。于是，二楼空间就更具童话气息，好似一个珍藏着宝物的神奇山洞。这也让建筑师想起了狄更斯的《老古玩店》，那年是 2008 年，他曾经就站在这个店门前张望。

"把平台上那个棚子变成美术馆吧。"某天，业主对俞挺突然说到。俞挺看着这个被巨大香樟所限定的平台，他想着，如果那个旧的、黑的、暗的、大的、肮脏的、被用来商业化的、隐藏在楼里的装饰性"洞穴"成为一个显而易见的"上句"，那么这个新的、白的、亮的、干净的、可以用来体现纯粹艺术的、显现在楼外的房子就可以成为"下句"，即一个 12m^2 的美术馆。

俞挺用木结构和三层阳光板搭建了美术馆。在外面看，阳光板制造了一个实体坚固的感觉，但进入美术馆后，周边的环境尤其是大树，以影子的方式消解了墙体的物质性。人待在里面似乎被隔绝，但其实并没有。光影的变化经过三层阳光板的过滤，呈现出抽象黑白的效果，显得微妙而丰富。于是，俞挺突然明白了，作为一个在水气充沛的江南长大的人，对于光并不敏感。而在模仿秉

承欧洲建筑传统的现代建筑学中，对于光的塑造，总觉得隔着一层无形的纱。俞挺从无极书院、长生殿到纸房子的一系列设计中，总是自觉地利用不同材料在立面上制造了层层叠叠影子的效果。不过，这次仍有不同。那些试验都是在类似幕墙的界面上发生的，而这次的影子却是在阳光板这一实体墙体上创造的。这种消解墙体而不是幕墙的做法让俞挺感到一种前所未有的新鲜。终于，质感消失了，世界被碾平在立面上窥视着室内，这是适合一个人的场所，无一物而万物足。

在建造过程中，声音艺术家殷漪参观了美术馆，很质疑建筑师原本的展览定位。他同意俞挺希望美术馆能够邀请艺术家展览针对城市和建筑的批判性作品，但殷漪的疑问是：为什么要立足于图像和视觉呢？这个场所本身就表达了一种对视觉体验的批判性，为何不展现一种拒绝图像化的批判呢？俞挺想了很久，觉得这是一个很酷的主意，一个致力于视觉表达的建筑师最后选用非图像化的展览来批评被视觉化的建筑和城市。于是，他尝试利用了所有能利用的旧物，最后把图书室和美术馆前的平台都刷成白色。落叶和灰尘很快让白色变得有些脏，然后让这脏了的白色却迅速与周边和谐了起来，成为美术馆的背景和底色。在美术馆里，门开着的时候，它不够坚固，像个棚子；但当门关上的时候，它却暂时创造了一个属于一个人的世界，一个被抽象的影子包裹着的世界。

在一个人的美术馆里，你若在思考，那时最接近安宁。或许，你也会觉得有些迟疑，但其实那是一股内心的力量正在积蓄，你被不确定的边界所隔离，但整个世界也在这里向你开放。然后你走了出来，或许也会像建筑师初来此处一样，说到：“嗯，重新来过吧。” END

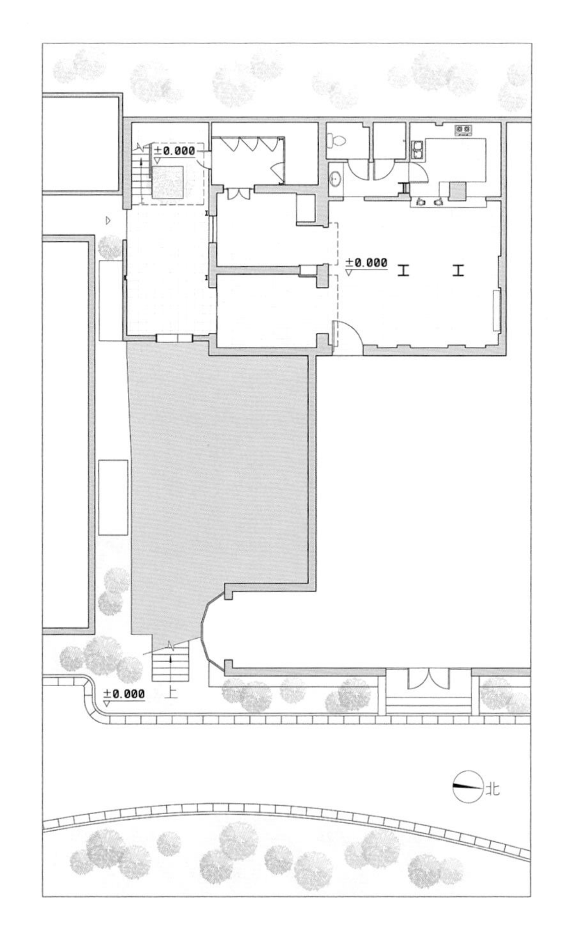

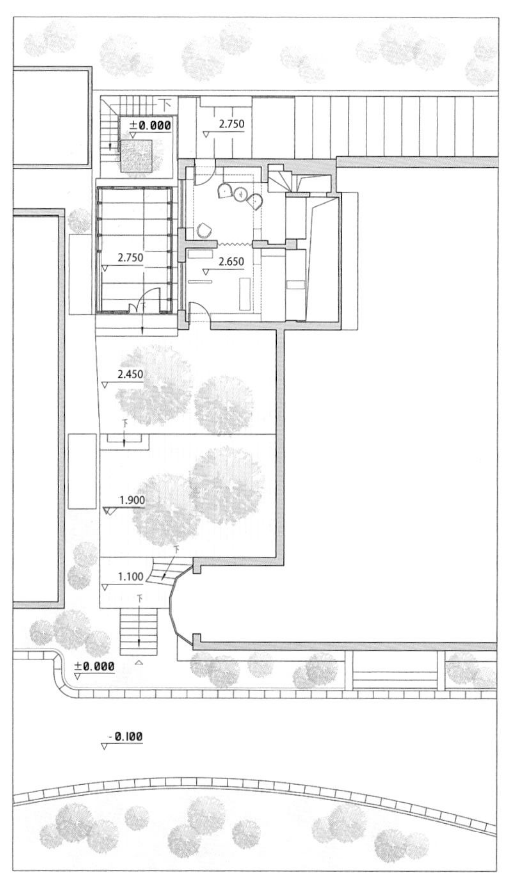

1 以“拱”元素为主题的内部空间
2 设计草图
3 一层平面
4 二层平面
5 堆满古董的二楼图书室

1	5
2 3 4	

1-3 一楼内部空间

4.5 原本平台上的棚子被改为一座小美术馆

目田书店

REEDOM BOOK STORE

摄影	张哲明
资料提供	曹璞

地点	长沙市芙蓉中路605号花炮大楼1703室
甲方/项目策划	“目田”、孙胜奇、熊勇、赵旭如、邹容
空间设计	曹璞
结构设计	崔浩
施工监理	邹宝林、曾文丽
面积	60m²
书店藏书	约4500册
设计日期	2015年3月~2015年6月
施工日期	2015年6月~2016年4月

1 温馨的读书氛围

2 位于大楼顶层的目田书店

花炮大楼与顶层暗室

17层的花炮大楼位于长沙市芙蓉中路，八一桥脚下，建于1992年，当时是长沙市最高建筑。时过境迁，现在它在众多高楼的环伺下已经不显得高大。花炮大楼是原属于国营长沙市花炮公司的宿舍楼。随着国营经济体制改革，昔日花炮公司已风光不再。当年花炮公司建这栋大楼不惜成本，整栋楼都用水泥卵石浇筑而成，至今都还坚固无比，形同碉堡。现在，随着年轻人逐渐迁出，住在这里的人大多是一些六七十岁垂垂老矣的退休老人；再加之，很多房子被出租，昔日人员构成比较单纯的单位宿舍变得复杂起来。

大楼顶层有一套$60m^2$的小两居室。平时，一些长沙本地的作家总会在这里聚会。环顾四周，坚固四壁，昔日不惜成本的全剪力墙结构换来了房间与外界的隔绝，密不透光，甚至房间和房间之间也是如此。白天时室内昏暗，客厅更基本没有光线，一盏吊灯终日点亮。

目田书店之诞生

某一天，作家们突发奇想，要把这间“陋室”变成一个家庭书店，取名为“目田”，精选图书，服务大众。一方面可以把好书卖给喜好阅读的人，另一方面，他们也希望可以为花炮大楼的居民提供一个好去处，增加大楼内公共活动的空间。

凿壁偷光

然而，在改造前，这个封闭的、形同闷罐的、昏暗的小两居其实并不具备合格的阅读环境。与大家商议后，书店设计的初始想法变得非常简单，即尽量扩大外墙的窗，让光线和视野进到室内；再把屋里坚固的各面隔墙上开几个洞口，让光线和视线可以彼此透过。于是，被分割的空间就可以连成一个整体。而室内的洞口也带来了自然风的流通，减少了严酷夏日里的空调使用需求。

化小为微

原房间面积小，又位于顶层，较难再扩大。所以，设计师决定走反方向的极端——将之变得更小，以营造更亲切且聚拢的阅读环境。于是，设计师在原来就很小的客厅和卧室内又放置了书柜隔断。这些书柜隔断的处理和墙壁类似，都留出了洞口。为节约空间，设计师决定不设置任何桌子，而是利用开好的洞口做书桌。这样一来，就得到了一间微阅览室。在这里，读者可以感受到空间的私密性；同时，在光线、视线，甚至是空气的相通交汇处，亦可感受到一份明朗与开阔。

改造过程中，所有的门窗也被替换。尤其是阳台的大开启扇，被更换后，阳台成为了顶层书店内一个最特别的读书点，开窗后微风拂面，城市风景尽收眼底。

楼顶平台

在这栋老楼顶上的天台总是晒满了被子，有时还会有居民晾晒萝卜、酸菜等食物。一群灰色的鸽子在花炮大楼顶上盘旋，每天往返于岳麓山和花炮大楼之间，不必承受堵车之苦，它们的窝就在花炮大楼的天台上。设计师曾设想开一个天窗，直达屋顶，但这个想法由于种种原因而未被实施。最终，设计师扩大了客厅一处窗口，把它变成了一扇大落地窗，并进一步利用楼顶平台的一块地方作为书店的延伸。由此，楼顶的平台与大落地窗及阳台的窗户对视呼应，形成了一个楼顶微缩环境。

目田月亮

花炮大楼的电梯厅有一个非常美的圆窗，电梯门一开便可看到。巧的是，这圆窗外面是便是目田书店两居室的几扇外窗。于是，设计师把“目田”的招牌安装在了圆窗外面，同时在圆窗上贴了目田书店的logo。更巧妙的是，这“目田”两字与后面的招牌在某个时刻会组成另外的文字。设计师将这个圆窗称为“目田月亮”。

出于对花炮大楼原来的马赛克外墙的喜爱，设计师特意选择了其中一片马赛克，将其涂刷成了书店的二维码。在书店内的某些地方便可以看到这个“二维码”，读者甚至可以尝试去扫一扫这个码。

邻里关系

书店施工历时一年，设计师和周围的邻里建立了很好的关系，居民们都非常喜欢这个顶楼书店。同时，设计师也在为他们于楼顶处设计更好的晾晒衣服和萝卜干的设施。以小可以见大，聚沙而后成塔。设计师希望以目田书店为起点，唤起人们对社区公共空间改造更新的热情，进而打造出更多分布在城市社区内的居民好去处。END

1 | 2 3 | 4

1-4 在隔墙及书架隔断上开出洞口，作为桌子之用，节省空间。

1.2.4 书店内景

3 印有 Logo 的“目田月亮”

墨尔本北岸餐吧廊

ARBORY BAR & EATERY ON NORTH BANK, MELBOURNE

译　写	小树梨
摄　影	John Gollings
资料提供	Jackson Clements Burrows Architects

地　点	墨尔本北岸
设计公司	Jackson Clements Burrows Architects
设计团队	Tim Jackson, John Clements, Graham Burrows, Chris Botterill, Chris Rigney
施工单位	Rattray Group
结构设计	BDD Engineering
机械设计	Cortese Consultants
竣工时间	2016年1月

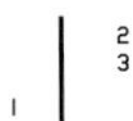

1 嵌在“盒子”里的小酒吧

2 雅拉河北岸风光一览

3 场地布置平面

一条弃用的火车线能被改造成美食长廊吗?

当然可以！在墨尔本市区久负盛名的弗林德斯火车站（Flinders Station）区域内，一条废弃已久的火车线路完成了这样的蜕变。经改造后，一连串小规模的餐吧、酒吧、咖啡吧等在此处应运而生，一扫原先地块上的荒芜与封闭，使其呈现处开放的姿态，重新焕发出生机。如今，不论是当地居民还是游客，都可以在这里很容易地就找到一家自己喜欢的小店，然后舒舒服服地坐下，欣赏雅拉河（Yarra RIver）的美景以及沿河而建的、具有历史气息的建筑物，从而沉浸在墨尔本城区充满人文气息的氛围之中。

设计时，建筑师将一个个由白色聚碳酸酯（PC）材料构成的盒子状的单体排成一列，犹如一种抽象的回应，旨在向此处原有的、呈现出线性空间特征的火车轨道及长站台致意；同时，一个个“盒子”相串联，形成一长条美食廊道，与边上平直开阔的河道风景相契合。地块内的主步道呈东西向，便于人们通行。在长廊的两端尽头处，建筑师利用简约而不失精致的木板，搭建了两组当地民居常见的木栅栏，强化了“入口”的存在，营造出半围合之感，使人更觉温馨。更值一提的是，东、西两处的入口的处理也各有特点。较之西侧入口的平铺直叙，东侧入口更显曲折蜿蜒，在细节的变化中缓缓提升坡度，使之与周遭景观及弗林德斯步道（Flinders Walk）融洽相连。在建筑师看来，使新建建筑良好地融入场地及周围完善的景观既是挑战，亦是制定设计策略时的一个关键点。

不同于墨尔本南岸的繁华及高度现代化，夹在雅拉河及弗林德斯火车站之间的狭长地块——“北岸”的开发与发展却较为缓慢，这与北岸集中了更多历史建筑有一定关系。例如，与之比邻的弗林德斯火车站，初建于1854年，具有典型的维多利亚时期的建筑特征，也是现在墨尔本市的地标性建筑之一。也正因此，建筑师对这个项目采取了更谨慎、更简洁、更少干预的设计策略，而这也可被视作是对“北岸”这一“敏感”地块的开发利用所作出的积极回应。

每一个“盒子”的体量都不大，故而桌椅都设置在店外。或沿河岸而设，掩映在高大的梧桐树荫下；抑或排布在“盒子”与“盒子”之间的区域，一把大伞撑起，遮风也挡雨。单个的“盒子”虽小，却不局促。遵循“极简主义”的手法，建筑师将厨房、吧台以及其他辅助空间一一纳入到“盒子”之中。在建造过程中，建筑师还开发出了预制的“组合零件包”，实现了“就地组装”，降低成本之余亦提升了施工效率。

夜幕降临，白色的“盒子”一个接一个地点亮，行人、食客、店家的身影被一一投射在这河畔的发光幕布之上，为雅拉河沿岸风光增添了动态之美，亦灵动地展现了墨尔本这座宜居城市里的人们休闲自在的生活实景。END

1	4
2 3	5

1 在树荫下沿河岸布置的桌椅

2.3 夜晚的“白盒子”像是发光的屏幕

4 东西向的步道可供行人穿行

5 掩映在树荫下的入口

U Coppu 小吃店
U COPPU DELI SHOP

译　写 | 小树梨
资料提供 | Studio DiDeA

地　点 | 意大利西西里
设计公司 | Studio DiDeA、Dario De Benedictis
设计人员 | Nicola Giuseppe Andò、Emanuela Di Gaetano、Giuseppe De Lisi、Alfonso Riccio
竣工时间 | 2015年

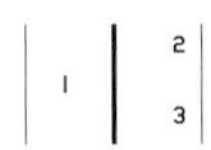

1 柜台
2 门面
3 轴测模型

U Coppu 是一家专做西西里街头油炸食品的小吃店，店名中“Coppu”一词指的便是盛放这种小吃的纸质锥型容器。设计师并未对原空间做过多改动，而是保留了原有的拱形结构，并对空间进行了简单利落的分割。分割后，大致可分为三个功能区：柜台、用餐区及厨房。

店内柜台的设计很有特色，能让人联想到穿梭在街头的小吃推车的形象。为突显这样一种亲民的“街头”风情，柜台的选材亦十分简单，主要是落叶松木板、玻璃以及铁框架。自柜台铁架上方悬下一排灯泡，不加修饰，简洁而明朗，为整个空间提供了照明。

木板、玻璃以及铁架作为主要材料，在空间内反复重现，形成一种连贯而和谐的美感。店内的地板的铺装皆选用天然的落叶松木条板。更有趣的是，这些木条并不止于地面，还分别自地面向两侧墙面向上延伸：一侧的木条板延伸入柜台区，成为具有装饰性功能的搁板；而另一侧靠近用餐区的木条则与餐台连为一体，并与下方选用同种材质的高脚椅形成呼应。

用餐区的设计也十分简洁，仅由一张靠墙的长餐台和几把高脚餐椅构成，而一道玻璃墙则将其与后方的厨房区隔开。透过玻璃，顾客可看到小吃的制作过程，加强了充满互动的街头氛围。

店面虽小，细节处的打造却也值得琢磨。比如玻璃墙上方嵌的有圆弧形铁架，与空间内原有的拱形结构相照应，且弧形元素的加入亦为空间增添了一丝灵动俏皮之感。而门口处的地板被附上了浅色树脂板，与室内的木地板形成反差，强化了的“入口”的存在，以期吸引更多顾客的视线。END

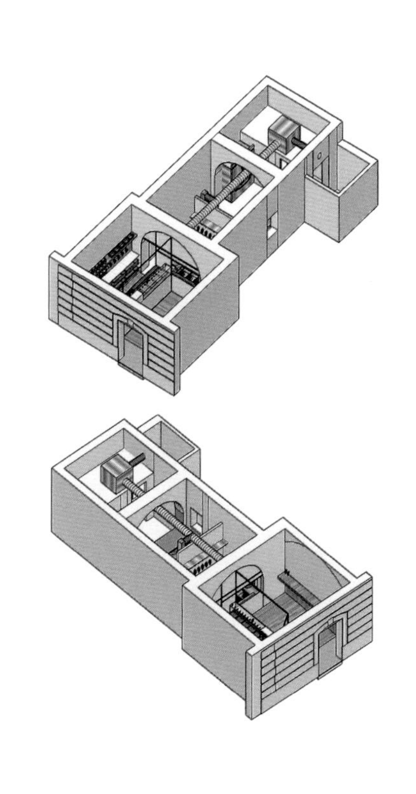

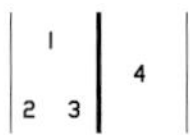

1 从厨房看向小店

2 墙面装饰

3 平面图及立面图

4 形似街头推车的柜台

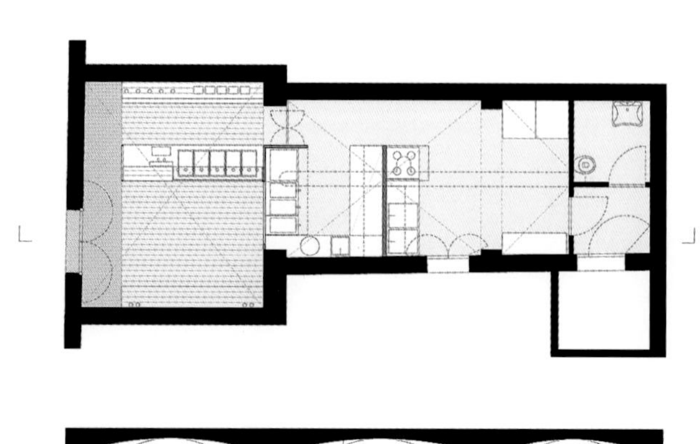

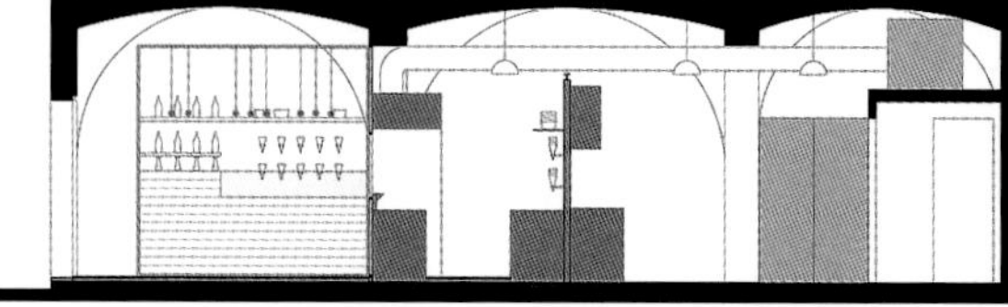

坦佩雷街头表演亭

PAUHU PAVILION

译　　写 | 小树梨
资料提供 | Toni Österlund

地　　点 | 芬兰坦佩雷
项目策划 | Henri Käpynen
建筑设计 | Toni Österlund, Lisa Voigtländer(Geometria Architecture Ltd)
灯光设计 | HeiniYlijoki (Granlund)
施工顾问 | HarriSeelbach (Teeri-Kolmio)
电　　器 | Antti Pesonen (Kauppahuone Harju)
参与学生 | Audrey Daudon, Andrew Davis, Lauri Heino, Aapo Huotarinen, Juuso Iivonen, KasmirJolma, DanutaKiedrowska, Jenni Kinnunen, Magdalena Klimczak, AdrienneMarxreiter, Leonardo Morais, Petra Moravcová, Mari-Sohvi Miettinen, Crystal Nutsch, Martina Pozarova, PalomaSánches, Heidi Sumkin, Mikko Toivanen, AnaTrigureiro, ManonVanel, Lassi Viitanen
竣工时间 | 2015年

1 内部木结构
2 街景
3 表演亭各立面图

街头表演亭是 2015 年芬兰坦佩雷建筑周的一个公益性项目。坦佩雷建筑周每年举办一次，关注建筑及城市规划方面的话题，旨在引起人们对于建成环境话题的兴趣与讨论，而 2015 年建筑周的主题为“互动”，希望能增加市民彼此之间、市民与建筑师之间的互动。

Pauhu 表演亭的定位是一个开放的舞台，用作免费的展示及表演场所。表演亭无疑是对该年建筑周主题“互动”一词的积极回应，它强调了在日趋封闭隔离的城市环境中“交流”与“互动”的重要性。表演亭被命名为 Pauhu，这个词让人想起远方坦佩雷河湍流而下的呼鸣，周遭城市熙攘人群来往的声响，还有亭内的表演之音。除了对“互动性”、“共享性”的关注，表演亭的设计团队亦对木材及木结构的创意使用充满着研究热情。在建造过程中，设计师将传统营建方法融入实验性的建造手段之中，同时还使用了参数化技术为辅助，建出精准的 3D 模型，由此获得一系列施工及木材编织的相应信息。

表演亭内部造型流畅，就像是由一整块坚硬的木材雕刻而成，而其灵感来自于坦佩雷河急流的波纹以及芬兰传奇雕塑家 Tapio Wirkkala 的木雕塑作品。在表演亭内部，笔直的木条按照一定的规则自亭子底边旋转排列，看上去仿佛是充满几何之美的双曲面。木条通过槽口相连接，并以经数控铣床打磨而成的拱形构件为支撑。每根木材的高度都根据其上部覆盖面积的不同而做出调整，以达成材料使用的最优化。建成后的表演亭内部形态十分吸睛，而这为之后会使用到它的艺术家的表演增色不少。

表演亭外立面使用的是 Jukola Industries 研发的创新材料（Graftwood），在这种材料表面可看到非常独特的三维木质肌理。设计师相信，这样一种特殊的材料能够引起行人去近距离触摸感受的好奇心，而在那暗色外立面上的光影变化也会让人联想到昼与夜、夏与冬的轮回变换。

Pauhu 表演亭的搭建共耗时 8 天，由一组建筑系学生建成。这一项目是在异地施工组建而后被运输到坦佩雷街头。表演亭作为一个临时性建筑，直至 2016 年年底，将一直立在坦佩雷热闹的主街之上，为人们带来活力与欢笑。END

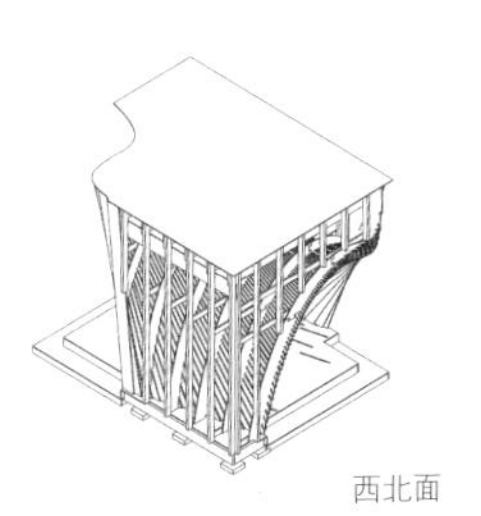

西北面

西南面

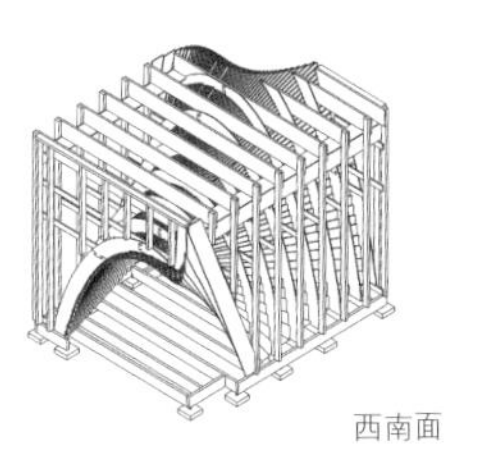

东北面

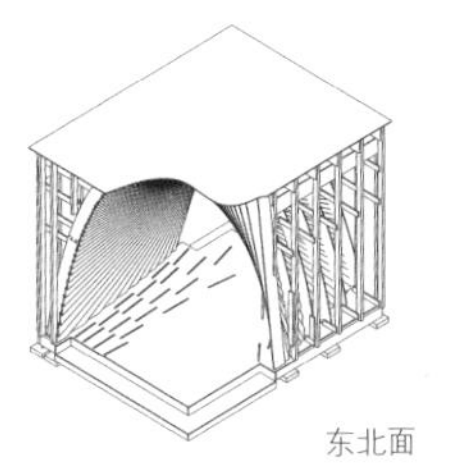

东南面

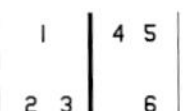

1 外部木材肌理

2 表演亭内活动现场

3 充满几何之美的内部木结构

4.5 施工过程

6 各剖面示意图

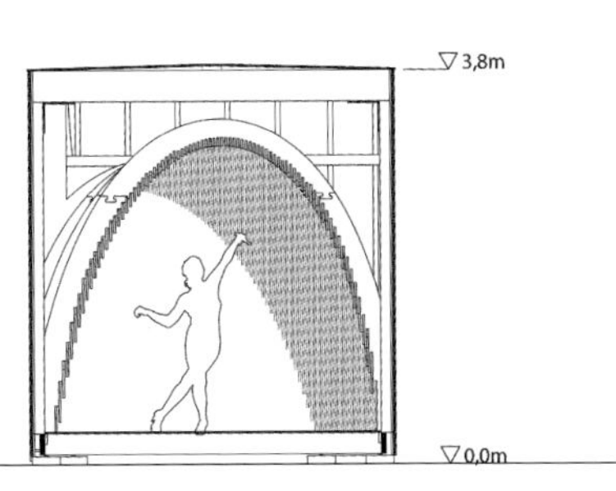

A-A 剖面

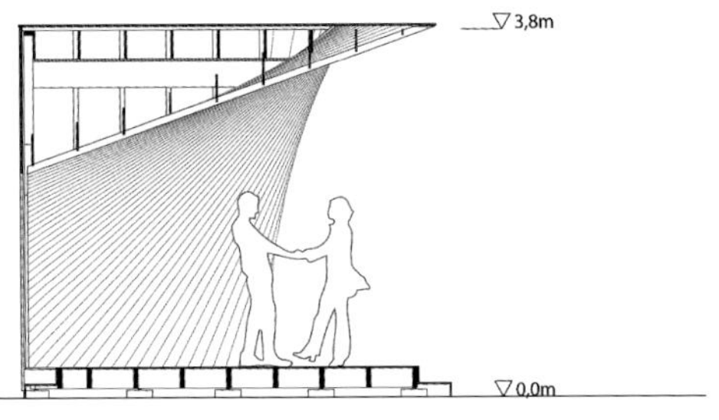

C-C 剖面

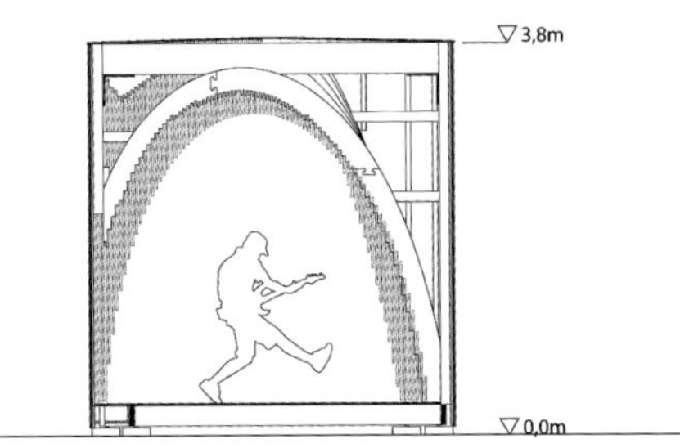

B-B 剖面

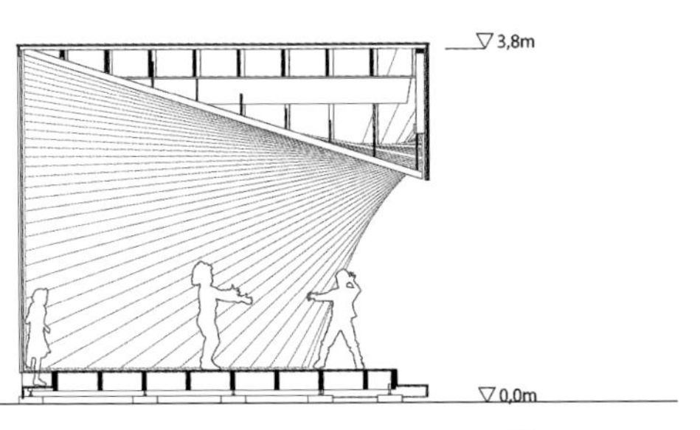

D-D 剖面

1.3 表演亭夜景

2 亭内音乐会

4 内部木材肌理

“无限定”的运动场
UNDEFINED PLAYGROUND

译　　写 | 小树梨
摄　　影 | Kyung Roh
资料提供 | B.U.S Architecture

地　　点 | 韩国首尔公园
项目设计 | B.U.S Architecture
设计团队 | Byungyup Lee, Hyemi Park, Jihyun Park, Seonghak Cho
负责专员 | Jeeyong An(Manifesto Architecture)
结　　构 | 轻钢框架
面　　积 | 14.64m²，高3.6m
竣工时间 | 2016年

1 三角篮球场

2 展开中的运动场

3 全展开运动场细节

如今，想要在城市里打场球赛可不容易，若要使用公共运动设施得提前两个月进行预约。韩国 B.U.S Architecture 事务所的四位建筑师回想起自己的童年，那时候，孩子们只要有一个球，住区里的许多地方都可以成为他们的运动场。然而，在眼前日渐拥挤的城市里，人们还能不能有更多可以快活地打球的场地呢？他们为大家初步计算了一般运动场需要的场地面积，如常规足球场，长 100m，宽 70m，约 108 间 30 坪的住宅；五人制足球场，长 42m，宽 25m，约 12 间 30 坪的住宅；篮球场：长 32m，宽 19m，约 17 间 30 坪的住宅……

由上述计算结果可见在寸土寸金的现代城市里加建、新建运动场地的难度，那么，有没有一种新的方案可以解决这一困局呢？B.U.S Architecture 提出的“无限定”运动场无疑是其中一种良性的回应。

在“无限定”运动场内，人们可以进行四种球类运动，这些运动无需复杂器械支持，且容易上手。运动场呈现出多面体的形态，每一个面都对应着一项球类运动，同时场地内还能设有一小块用于运动器械租赁的空间。值得一提的是，根据不同运动的需求及特征，相应的活动场地亦能做出灵活的变动。

运动场的基本形态有二，一为折叠态，二为展开态。在折叠状态下，运动场能同时满足五项活动需求，其一为迷你足球场，每队两人共四人，轮流攻守；其二为三角篮球场，场内三个三角形球框被设置在不同高度、不同位置，先投中三个不同球框者为胜；其三为飞盘，对应墙上绘有不同动物造型，代表不同得分；其四为自由网球，场地中间一面墙做了特别处理，具有一定的弹性，可供两人进行比赛，参赛者可轮流击球；其五则为运动设施租赁，而这一空间除了可用作管理器械之用，必要时还可以作为小卖部及临时办公之用。而在展开状态下，运动场可以变为一个半圆形的足球场，可供两队共六人使用。此外，在展开后，以每三面墙为一个单元、每个角落为支点，在其上附上吊网，即可形成两个三角形吊床。

灵活多变，可见是“无限定”运动场的特点，它旨在满足不同运动爱好者的需求，同时也向人们呈现出在有限的城市用地中营造出更多公共活动空间的可能性。END

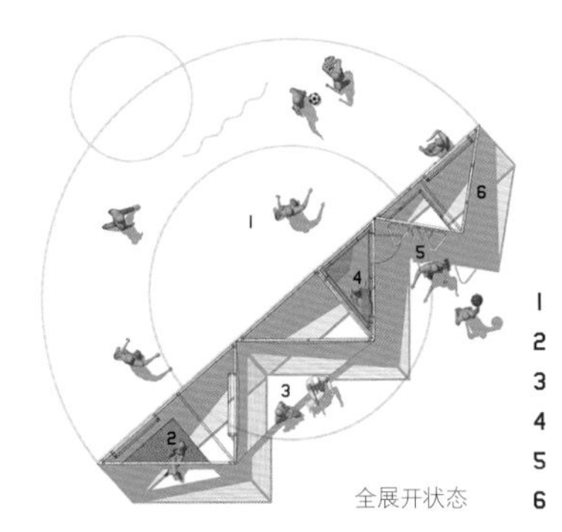

全展开状态

서울혁신파크

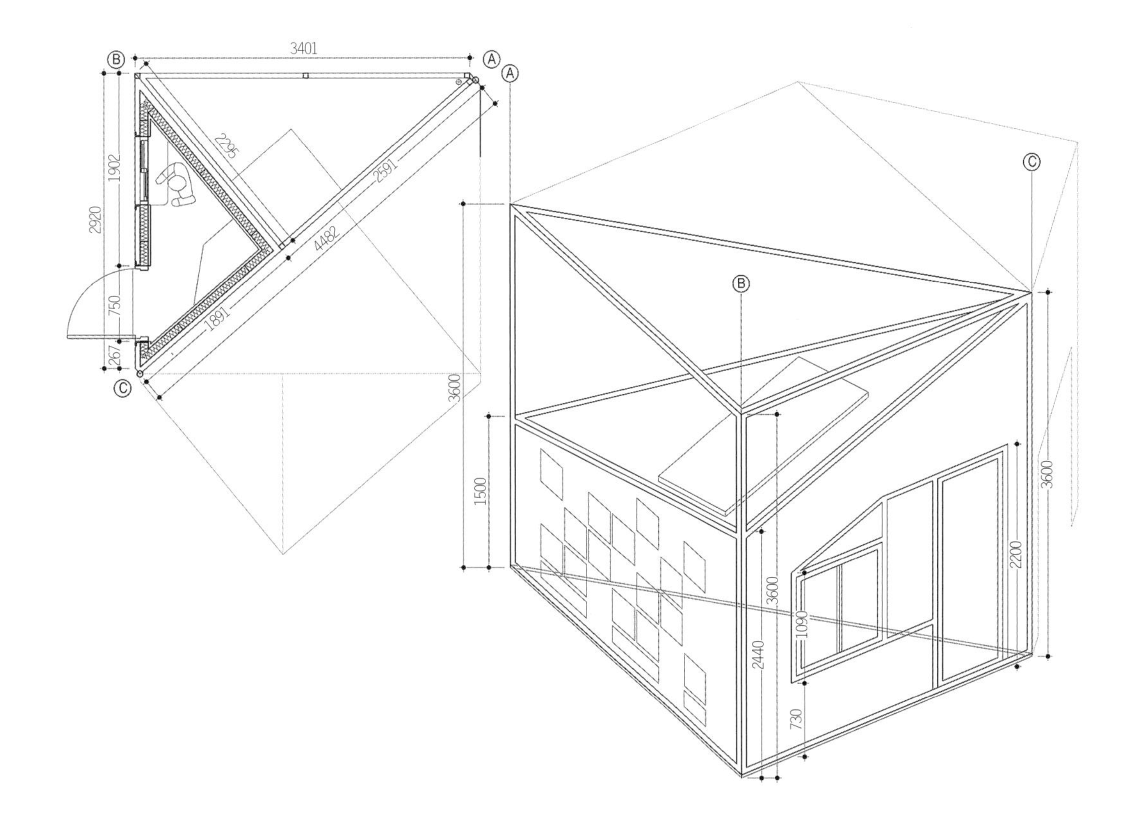

1 | 4
2 3 | 5

1-3.5 可展开的运动场

4 结构图

沙漠庇护所
LITTLE SHELTER IN THE DESERT

译　写　小树梨
摄　影　David Tapias,Nathan Rist
资料提供　www.littlemaps.net

地　点　Taliesin West
项目组织方　Frank Lloyd Wright School of Architecture
项目参与人　Daniel Chapman, Mark-Thomas Cordova, Jaime Inostroza,Dylan Kessler, Pablo Moncayo, Natasha Vemulkonda, Pierre Verbruggen
项目指导　David Tapias
项目时间　2015年1月~2015年5月

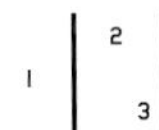

1　沙漠中的临时庇护所

2　学生们在沙漠里的工作室

3　场地示意图

7 位来自赖特建筑学院（Frank Lloyd Wright School of Architecture）的年轻学生参与到了一项沙漠庇护所营造的实践项目中，而这个项目的主要目的就是提升学生的批判性思维、观察能力及实地创造的技能。在过程中，学生需要学会在沙漠这一复杂的场地环境中切入要点，找到核心问题，并最终建起一个可供人临时居住的庇护所。

在开始最初的三周，导师 David Tapias 布置了一个“预演”性质的任务，即每个学生都需要搭建一个可供自己在沙漠里过夜的临时性庇护建筑。这一任务不限场地、不限面积，仅设两条限制：一是必须使用场地内的材料；二是必须在一个日夜内完成材料搬运、组装及拆卸，且拆卸后不得在场地留下痕迹。起初，所有学生都选择分散开来独自挑战，各找各的营地。直到某一天的黄昏，经过一天的跋涉、选址，学生们恰巧发现了同一处场地条件好、可使用资源丰富的地方。也正是在那一刻，他们领悟到或许合力协作在一个大营地上完成任务会是一个更好的策略。那个晚上风很大，也很寒冷，但学生们却更真切地感受到在恶劣的环境里“共同搭建”及“协作互助”的重要性。同时，他们也明白了，在沙漠中搭建庇护所的意义并不在于设计一个比“别人”更“炫酷”的小庇护所，而是在于如何利用现场的种种条件来维持自己的生存所需，并尽可能地享受这样一个难忘的沙漠之夜。

“预演”练习后，真正的庇护所建造项目开始了。在设计过程中，共有 7 个设想被提出，最后团队选择在一个最为困苦、艰难的场地上将这些设想化为现实。考虑到在真实的日照条件下，更易于对模型进行检验、调试，每一天，每个人都奔波于工作室、营建场地以及工厂。经过 12 周艰苦作业，本次实践项目的成果包括有两个临时庇护所和一个集合点。在之后的几年里，这些庇护点会成为其他学生在沙漠中的临时住处，而这些学生也会对它们展开进一步的改造、维护、优化及记录。

在这一沙漠庇护所的实践项目中，参与其中的学生明白了“合作”对于建筑的重要意义。同时，项目亦验证了彼此聆听分享、相互帮助尊重的协作性模式在实践中替代等级森严、层层分级的旧模式的可行性。而这亦是该建筑学院老师向当下建筑教育提出的改革呼吁，即让学生从严酷的竞争模式中挣

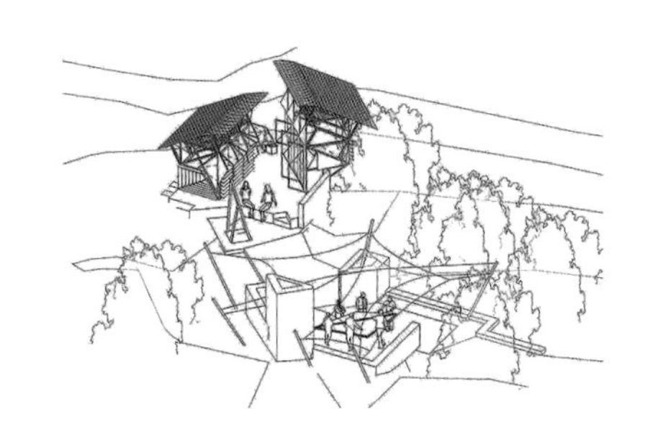

脱出来，并真正学会与同伴合作。在资源日渐紧缺的大背景下，营建活动的意义或许更在于使人居环境充满活力。建筑不应沦为各类为“求新”而“求新”的理念的试验场，也不应成为某种炫技的“游戏”，或是某个人关于“自我”的宣言。而沙漠庇护所项目的成功之处也正在于此，当学生们奔波往返于沙漠之间，与酷烈的阳光、扰人的风沙还有漫天的星辰为伴时，他们最终搭建起的是一个真实存在于沙漠里的“家”。

建造是一件枯燥的事，有时甚至会让人倍感受挫。然而当那些一闪而过的灵感被实现，那些原本只存在于脑海中的大胆的、冒险的，甚至是狂野的想法被顺利实施，那种发自内心的愉悦无比真实，却也难以言喻。或许，从未有过这般经历的人永远都无法懂得。END

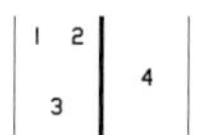

1.3.4 营建现场

2 内部细节

华鑫慧享中心

HUAXIN WISDOM HUB

摄　　影 | Eiichi Kano、陈颢
资料提供 | 大舍建筑设计事务所

地　　点 | 上海市徐汇区田林路142号
项目功能 | 展示、会议
建筑规模 | 1000㎡
建筑设计 | 大舍建筑设计事务所
设计小组 | 陈屹峰、柳亦春、高林、伍卫辉、马丹红
结构机电设计 | 上海建筑设计研究院有限公司
业　　主 | 华鑫置业（集团）有限公司
设计时间 | 2013年~2015年
建成时间 | 2015年

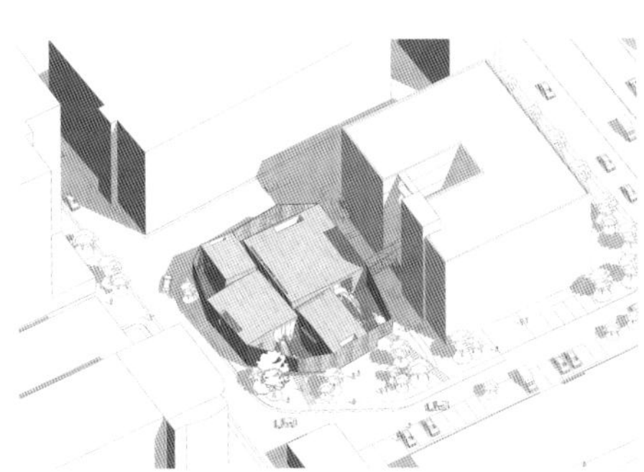

1 一道环形的悬浮着的混凝土围墙在基地内给会议中心限定出了一个领域

2 轴测图

3 会议中心在道路和办公建筑的紧紧围绕下

华鑫慧享中心是一个促进交流和分享智慧的场所，主要功能为多功能厅、会议室和各类展厅。建筑基地位于华鑫科技园内，狭小局促，并被区内道路、机动车位和办公楼紧紧围绕。对于慧享中心自身而言，周边环境乏善可陈且无以因借，最好的方式是营造一个自我完善的小天地。但从整个园区的角度来看，慧享中心近 1000m² 建筑容量的介入不能过度加剧园区的逼仄感，同时新建筑的外部空间也应与园区连为一个整体。

设计师最终采取的是一种双向平衡的策略：以一道环形的、悬浮着的混凝土围墙在基地内给慧享中心限定出了一个领域，建筑依据功能组成被分解为四个相互游离的体量，呈风车形布置在围墙内。围墙的悬浮使得墙内和墙外的空间若即若离，它所限定的领域由此处于一种“内外”层面上的不确定状态。

为了控制总高度，建筑和围墙内的部分场地下沉了 1.5m，但借助缓坡过渡仍然与周边保持连续。这样，慧享中心的两个楼层和园区场地之间构成了错层关系，在任何一个基面上都能感觉到其他两个基面的存在，从而带来了一种“高下”层面上的暧昧。

出于压缩建筑体量的目的，慧享中心的室内交通空间尽量室外化。四个游离的建筑实体之间的外部空间通过路径和园区连为一体，同时也是整个建筑的中庭。人在建筑内穿行，会不断经历室内室外的场景交替，能体会到另一种“内外”层面上的游移。建筑功能空间内的墙面采用清水木纹混凝土，交通空间的墙面则将混凝土刷成白色，这样的差异化处理，亦是为了强化场景间的交替。

整个建筑尽管体积感很强，但它的质量感却因为围墙的悬浮大大被削弱，因而传递出一种视觉上的“轻”。建筑外立面的木纹混凝土表面处理成白色，同样有助于传达这种“轻重”层面上的不肯定。

尽管场地局促，慧享中心的四个游离的建筑实体之间仍然作了适度的扭转，希望通过这种处理来造成微妙的不安定和紧张感，建筑实体墙面的向外倾斜也进一步加剧了这种感觉。

总体而言，设计师希望营造一个不确定的场所，来回应慧享中心的自身诉求和它所面对的外部环境之间的矛盾，并以此给建筑带来新的场所经验和足够的丰富性。END

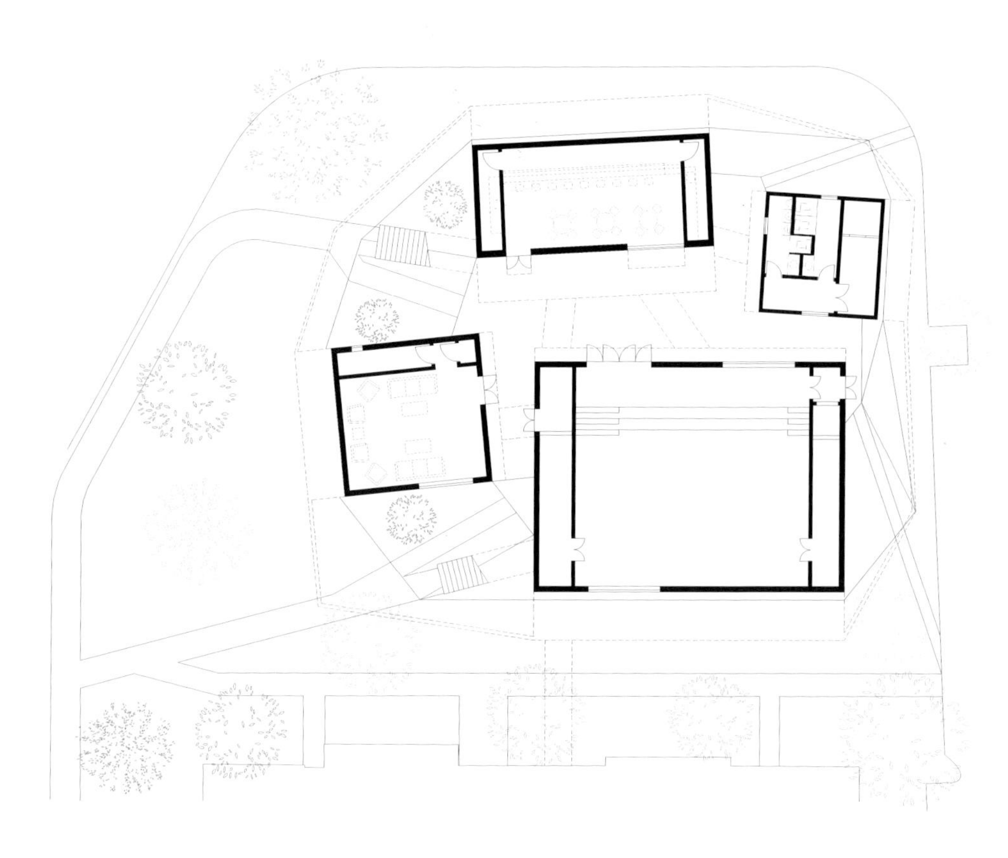

1	3
2	4

1 一层平面

2 悬浮的环形围墙在界定领域的同时，让建筑显得更为轻盈

3.4 围墙与实体间的四个庭院成为会议中心的门厅

1.2 场地下沉，而四个体量间的外部空间成为可穿越的道路

3 剖面图

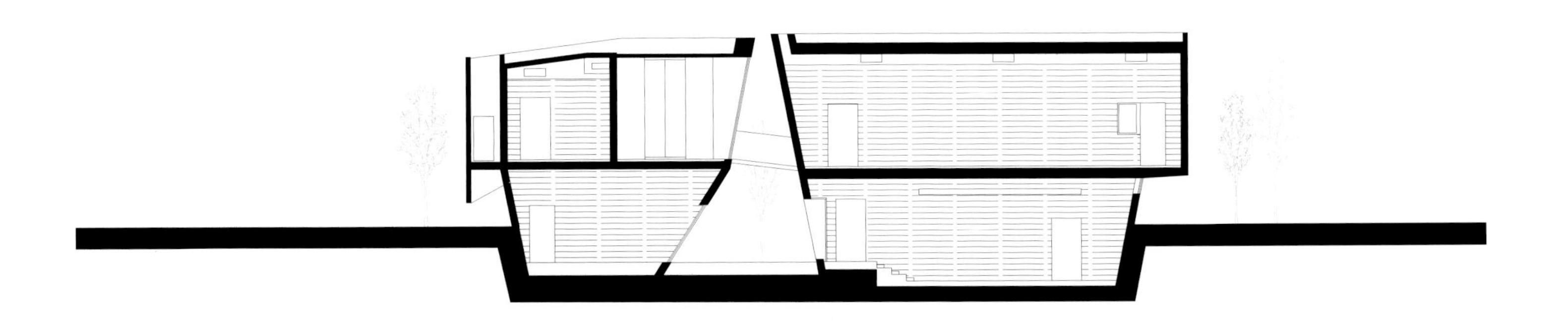

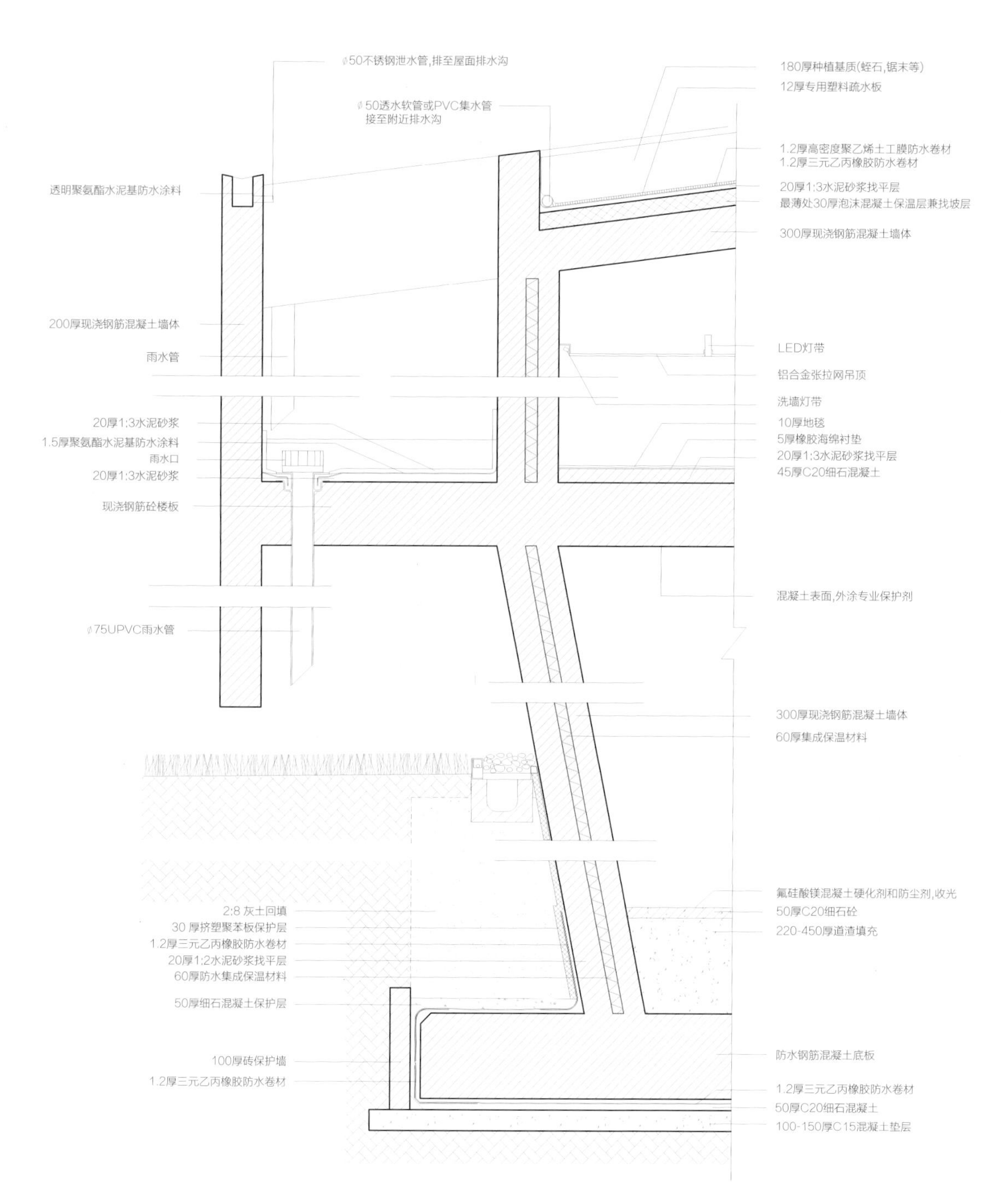

1 慧享中心墙体剖面大样

2.3 内部的裸露混凝土干脆利落

德富中学

DEFU JUNIOR HIGH SCHOOL

摄　　影 | 苏圣亮、张佳晶
资料提供 | 上海高目建筑设计事务所

地　　点 | 上海嘉定新城
设计单位 | 上海高目建筑设计事务所
设计团队 | 张佳晶、赵玉仕、徐文斌、项婳菁、易博文
业　　主 | 上海嘉定新城发展有限公司
建筑面积 | 12783m²（混凝土框架结构）
项目年份 | 2010年~2016年

德富中学是位于上海嘉定新城德富路上的一所具有 24 个班级的初中，北面紧邻德富路小学，南面为普通住宅小区。校内建筑物共两栋，分别为主体教学楼、风雨操场及食堂。

西面的主体教学楼呈田字形布局，可容纳 24 班教室、教师办公及附属设施。南北向为主要教室，东西向为特殊教室。建筑从一层到三层迎日照方向高低错落，从而形成丰富的屋顶平台区域。主教学楼与风雨操场及食堂采用四条斜向无障碍坡道相连。

庭院空间一直是中国传统建筑的核心所在。建筑师在探讨建筑与场地的关系的时候，巧妙地设计了四个庭院。受中国汉字文化的启发，四个庭院呈“田”字型布局。内院尺度 25m 见方。每个庭院形制各不相同，它们如同四季，孩子们可在庭院中感受时间的推移，感受日出与日落。四个庭院通过建筑底层相互连通。

食堂室外地坪与主体教学楼室外地坪存在 1.5m 的高差。建筑师在此营造了一个下沉式庭院，学生用餐后可在台阶上休憩、活动。

即使受到基地形状和大小的限制，建筑师仍希望建筑能够为学校的老师、学生提供一个自由行走的场所。主教学楼采取内外双廊设计，除去基本的垂直交通外，建筑师还设计了丰富的漫游式交通系统，自由舒展的廊道与错落的屋面紧密结合，它们使建筑的内外界限变得模糊起来，亦使行走变得有趣。建筑师希望使用者在日常生活中能如偶遇一般地去感知环境，体会自然。

风雨操场提供了一个半室内的篮球场，并且可兼做展览与小礼堂。垂直遮阳板采用现浇混凝土立板，截面为矩形；屋面井字梁结构采用现浇混凝土结构挂板，截面为倒梯形。两个现浇薄板的最小厚度均为 15cm。每间正方形的普通教室都设计了一个孩子们的置物间。建筑师还为教室进行了采光系数分析，以保证孩子们在教室能接受到适宜的光照。

干粘石的外墙材料是对上海传统外墙样式的一种回应，也是作为低造价建筑材料耐久性的一种尝试。END

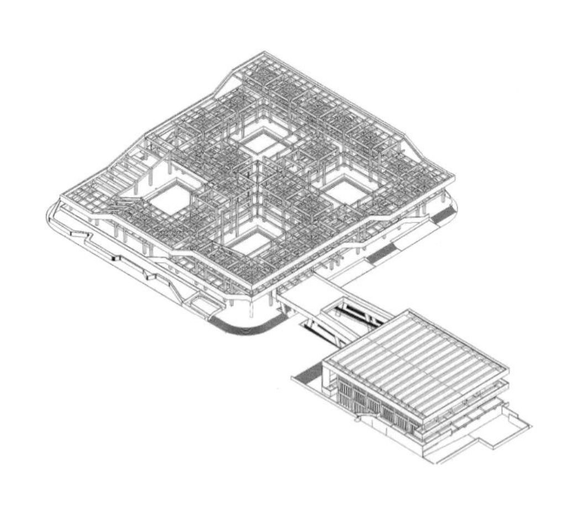

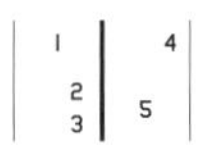

1 俯瞰

2 分解轴测图

3 大量的底层架空空间

4 一层平面图

5 教学楼主入口

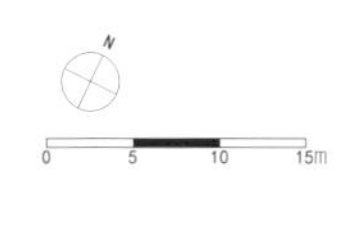

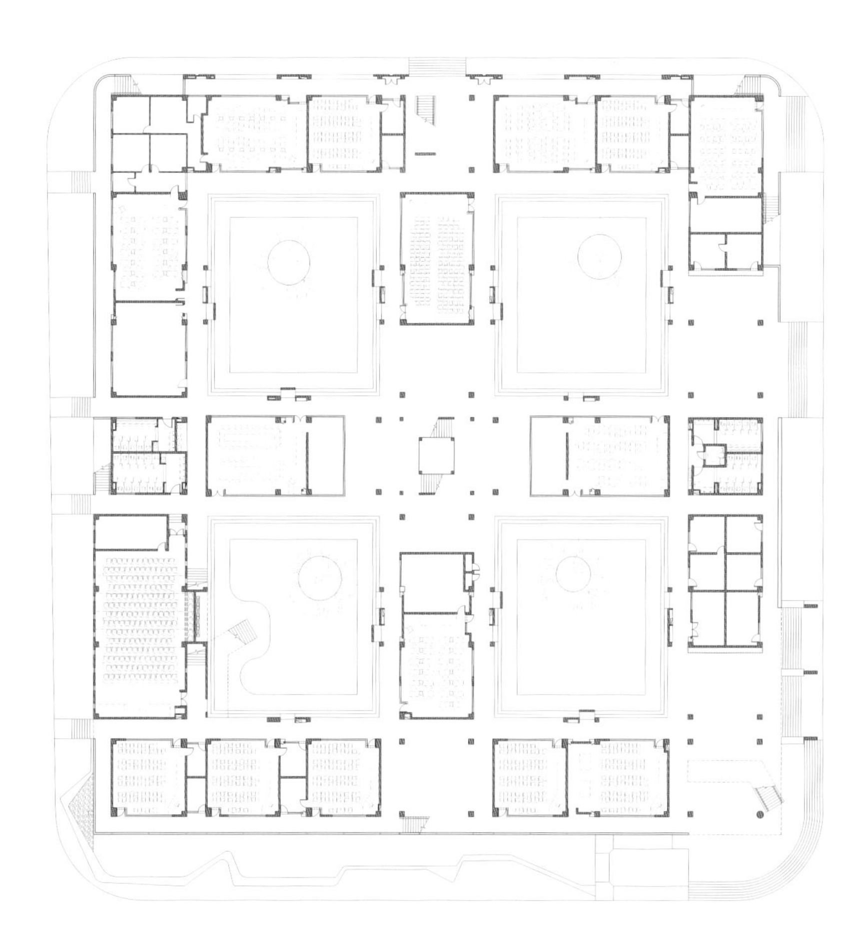

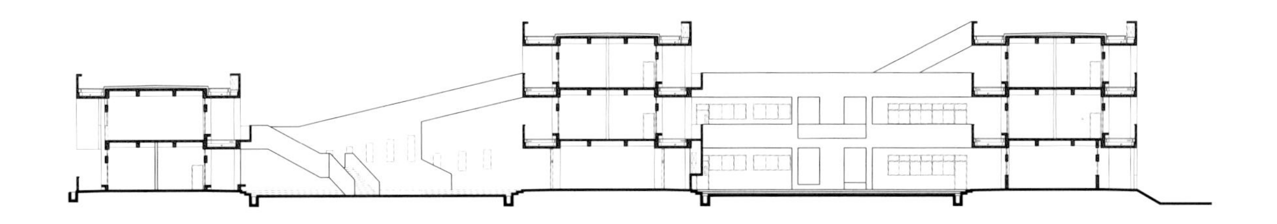

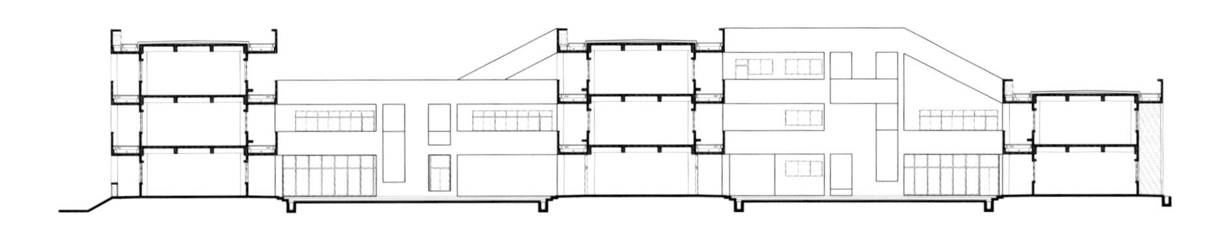

1.2 丰富的漫游式交通系统

3 剖面图

4 下沉式庭院

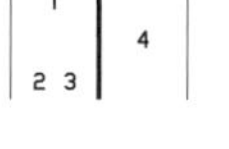

1-3 干粘式外墙材料是对上海传统外墙样式的一种回应

4 风雨操场的井字梁屋盖

清末民初徽州建筑西化现象之研究

撰　文 | 陈泓

一、清末民初徽州建筑西化的动因

清末民初，徽州建筑的西化现象，深受战争破坏影响，并伴随“西学东渐”逐步深入，其间徽商和徽州学人，也扮演着重要的身份。

1、太平天国的重创

19世纪五六十年代，徽州地区是太平天国运动的主要战场，战火遍及徽州各县，众多经营数百上千年的村落及建筑被毁。[1]《婺源风俗之习惯》中写道“乾嘉之间，五乡富庶，楼台拔地，栋宇连云。兵燹以来，壮丽之居，一朝颓尽，败垣破瓦，满目萧然。承平五十载，元气卒不可复。生计既极艰难，商贾迥不如前，而十匠九柯，工价又数倍曩昔。居斯室者，但得（鹿瓦）砖作障、莞葭为墙足矣，亦可慨也！”[2]战后满目疮痍的徽州城乡亟待重建，客观上为西洋建筑进入徽州提供了条件。

图1：黟县南屏村倚南别墅

2、学商两界的参与

“学、商两界，喜用洋货，渐有由俭入奢之势”。徽州“亦儒亦商”的成员结构，是“西学东渐”进入徽州地区的主要力量。徽人中入仕和经商者极多，他们久居上海、汉口、杭州、芜湖等较早开放的城市，近代以来，外出求学者增多，成为徽州“放眼看世界”的先行者，《婺源民情之习惯》中写道：“近今新学发明，士人亦翻然有远志，负书担囊，肩背相望，抑间有东渡大和，西赴欧美，以博注新智识者。”[3]在徽州的实地考察中，所见西式建筑，无不与之相关。婺源豸峰村涵庐建造者潘方跃曾留学海外，深受西方文化影响，民国时期曾任安徽省教育厅厅长；婺源庆源村敬慎堂主人詹励吾则是徽州巨商，于上海、汉口开设“华昌行”；绩溪仁里村的洋楼则为清同治年间洋务运动的推崇者崔跃章所建；而绩溪湖村章祥华则在汉口经营徽菜馆，是武汉徽菜馆业创始人。相比生活于封闭环境中的徽人，他们更容易接受西方文化和新兴事物，进而将其带到徽州。

图2：歙县深渡老街券式门窗

3、生活方式的变迁

徽州虽地处偏远，环境封闭，但接受外来先进文化和意识却是相当积极的。徽商人数众多且长期旅居在外，容易接受新兴事物，他们与徽州联系紧密，往来频繁，外来物品得以在徽州地区普及。《歙县民情之习惯》记载：“粤匪乱后，内容愈瘠，表面愈华，好洋货者多，好土货者少，外强中干，识者忧之”。[4]洋油、洋布等日常消费品，铅笔、药水等学堂文具，毛毡、铁柜等商人用品，几乎是随处可见清末民初之际，整个徽州社会崇洋之风甚浓，故而徽州的营造活动，受西方建筑元素渗透，也在情理之中。

二、徽州建筑的西化现象的表现特征

“西学东渐”之风波及徽州传统文化，也为徽州建筑带来了崭新面貌，表现出如下特征：

1、时髦的建筑名称

徽州建筑的命名有着延续千年的传统，常见的有“堂”，大多带有吉祥寓意，如“膺福堂”、“宜福堂”，又或饱含对子孙教化的期许，如“承志堂”、“树人堂”；以“第”命名的也极多，如“大夫第”、“进士第”，显示主人的身份和社会地位。然而，清末民初，受“西学东渐”的影响，徽州建筑的命名也悄然发生变化，新名称开始出现，常见的有“庐”，如婺源夛峰村的“涵庐”、黟县关麓村的“吾爱吾庐”等；“别墅”的出现频率也极高，如黟县屏村“倚南别墅”（如图 1）、“南薰别墅”、婺源理坑“云溪别墅”等；更有直接冠以“洋楼”的名称，如绩溪仁里村“洋楼”、南屏“孝思楼”也被当地人称为“小洋楼”。这些时髦的建筑名称，反映了清末民初时期徽人接受外来新兴事物的好奇心，体现了“西学东渐”背景下，徽州建筑文化的变迁。

图 3：婺源夛峰村涵庐

2、西化的建筑立面

徽州传统建筑以封闭的立面、高大气派的门罩、层层叠叠的马头墙为主要特征。然而，在“西风”吹拂之下，徽州建筑开始转向开放性的立面设计。对于传统徽州建筑立面封闭，采光不足的弊端，徽人其实早有意识。《歙县风俗之习惯》中写道：“草房绝少，屋多建楼……但天井小，少窗，光线黑暗，此其所短。”[5] 清末民初，“西化”的建筑，一改传统，在立面大量开窗，有效改善了建筑的通风采光性能，正如《祁门风俗之习惯》中的描述“旧建民房天井狭窄，光线黑暗，近年大为改观，士大夫之家，未有不高大门闾，明窗净几者。[6]”而窗的式样也趋于西化。此外，这类建筑也放弃了传统的马头墙，以简洁的线脚代替，建筑的门罩、窗檐的造型也大大简化，以几何形或规则的线条来表现（如图 2）。

婺源夛峰村的“涵庐”是典型代表。涵庐沿桃溪水而建，立面自东向西分三组展开，东侧一组体量最大，马头墙简化为线脚，置于正面，而非传统的山墙一侧，上下两层，共设十余个大小形状各异的窗洞，均采用西式起券，除辅入口采用传统门罩样式外，其他门罩和窗檐均简化为直线或拱形，并装饰欧式线脚。中间一组向后缩进，形成入口院落，置一对西式门柱，台阶上为入口。门楼式立面共两段，上段镶一八边形窗洞，下段是简洁的矩形大门，底子却装饰了复杂的冰裂纹图案。进入内院，抬头所见仍然是西洋风格的立面，由四层造型各异的窗洞构成，而入口的中式大门也装饰有巴洛克风格的门头。西侧一组为客房，立面为巴洛克式的弧形拱顶，立面四扇窗两两成组，呈现出曲线造型（如图 3、4）。

图 4：婺源夛峰村涵庐局部

图 5：黟县南屏村孝思楼

图 6：婺源庆源村敬慎堂

黟县南屏村的“孝思楼”，亦深受“西学东渐”影响，由清末叶新钰（坚吾）作为新式私人学堂兴建。“孝思楼”主体 3 层，房顶设置一座亭子，建筑放弃了徽州传统天井式的营造方法，而采取了集中式设计，将建筑四面开放，且均设置大量开窗。其中，门窗造型简洁，大多无门罩和线脚装饰，部分装饰了折线形窗檐，类似西洋建筑立面装饰的三角形山花（如图 5）。

婺源庆源村敬慎堂，则更显洋风。其立面为两层，对称布局，檐口挑出，辅以复杂的线脚装饰，一层立面以光滑石材贴面，入口居中，两侧各一扇矩形窗，二层立面肌理粗糙，中间一扇矩形大窗，两侧半圆形券式窗，窗框做欧式线脚装饰，精致且厚重。整个建筑立面极具西洋特色，俨然一座文艺复兴的私人府邸（如图 6）。

此外，绩溪仁里村的“洋楼”，相传屋主模仿“西洋轮船”模样所建，两侧山墙均设置十余个矩形窗，不做装饰，而顶层则设置一排圆形窗洞，酷似轮船的舷窗。黟县南屏村的“南薰别墅”，二楼设计为敞廊，栏杆采用欧式造型，在徽州地区是极为罕见的。而绩溪湖村章祥华宅，黟县西递胡恒荪宅等，都使用了大面积的券式窗设计（如图 7—9）。

图 7：绩溪仁里村洋楼

3、洋气的建筑装饰

徽州建筑的西化，在建筑装饰上也有表现。以“徽州三雕”为主的传统建筑装饰形式明显减少，取而代之的是简洁的几何造型和线条化的图案；装饰题材也逐渐放弃了原先丰富的主题性，曾经大量出现的表达吉祥寓意、伦理教化的图像几乎绝迹，转而向追新求异的方向发展。如南屏“孝思楼”、绩溪仁里“洋楼”等，在装饰上均表现得极为简化，建筑形象通过建筑立面构图、西式窗棂等元素表现出来。此外，新建筑还出现了包括铁艺、嵌瓷、西式栏杆、西式大门等新的装饰形式。

“涵庐”采用弧形拱顶设计，靠近檐口的墙面，装饰了从 A—M 的英文字母，最特别的是字母“D”竟然写反了，想必是本地工匠不懂英文写法所致 [7]，其侧面对外的开窗则装饰了西式铁艺栏杆用于防盗。“涵庐”内部装饰也相当时髦，二楼天井一周装饰了西式栏杆的跑马廊，雀替以及格栅门的格心、裙板和涤环板不做木雕，均镶贴瓷片，与西方马赛克拼贴艺术颇为相似（如图 10）。

在黟县南屏的“慎思堂”的祠堂大门外，还建造了西式的院门和铁艺围栏。院门四座立

图 8：绩溪湖村章祥华宅

图 10：婺源乡峰村涵庐局部装饰图案

图 11：黟县南屏村慎思堂欧式大门

柱极厚重，四面均做复杂的西式线脚和雕刻，雕塑感极强，铁艺栏杆也采用西式造型（如图 11）。绩溪伏岭下村舒稳水宅，顶层对称设置三扇窗，中间一扇最为独特，尖矢形券，两边设置柱式，想必是为了效仿西方古典建筑的柱式，但比例和细节均较粗糙，远不及西方古典柱式的精致（如图 12）。

4、新式的建筑材料

清末民初的徽州建筑营造，也已经开始接受西洋建筑材料，《绩溪风俗之习惯》中写道："梁栋用松，柱用杉，或用白果，或用杂木，壁用杉木板，油而不漆，地面用径尺方砖，或用三合土筑成，上敷以青灰，用白灰画线。水枧用竹、用木、用砖，近有用洋铁、洋铅者，窗嵌玻璃者，城多乡少。"[8]"洋灰"即水泥，南屏"慎思堂"的西式大门，便是用"洋灰"浇筑而成。仁里的"洋楼"内不见一根通天柱，都被砌筑到墙体内，楼板亦用"洋灰"抹平，类似当下常见的水泥地面。

玻璃也大量运用于此类建筑之中，"涵庐"跑马廊、庆源村敬慎堂八角天井均安装整面玻璃窗、南屏"孝思楼"、卢村"玻璃厅"等也都大量使用了玻璃材料。其中，南屏"南薰别墅"在整面格栅门格心的开光上都安装了彩色玻璃，类似岭南"满式窗"做法，光影效果极佳（如图 13）。

徽州建筑的西化，表现在建筑营造的方方面面，但就建筑遗存来看，多为对西方建筑片段的模仿，一知半解，似是而非，难免有些东施效颦，折射出这一特殊历史时期，徽州社会环境的躁动以及徽人对新事物的向往，是时代特征的鲜活体现。

图 9：黟县西递村胡恒菻宅

图 12：绩溪付岭下舒稳水宅

三、徽州建筑西化的局限性

受徽州地区极其稳固的社会意识和文化传统的影响，徽州建筑的西化现象以私人宅邸为主，而鲜见于公共建筑，个性化色彩浓郁。其实际上是一部分走出深山，感受西方文化的商贾和学人将西方文化带入徽州地区的表征。在西风盛行的历史时期，徽人虽逐渐接受西方事物，但面对此类建筑，莫不以“洋楼”称呼，西化的特征也比较有限，在建筑空间组织和形式上仍然保持着传统，可见徽州建筑文化的稳固和排他性[9]。

1、空间组织

徽州建筑的西化，大多停留外观，而建筑空间的组织，则更多保留了徽州建筑的传统格局。如婺源庆源村敬慎堂，建筑立面如欧式府邸，内部则是一方八角天井，造型虽有变化，但并没有摆脱传统徽州建筑天井式的空间组织方法；豸峰“涵庐”建筑立面和装饰都采用了西式做法，空间仍围绕天井展开，虽然堂屋设在侧面，但亦是继承了传统的内聚式空间组织形式；南屏“南薰别墅”放弃了天井，立面开放，但建筑内，堂屋居中，两侧厢房，仍保持了传统徽州建筑长幼尊卑有序的空间格局。

2、材料工艺

徽州建筑在西化过程中，开始使用了一些“洋”材料，但传统的建筑材料仍是主流，工匠们以超凡的智慧，运用传统的建筑材料和工艺方法来完成“西化”的表达。调查所见西化之建筑，均采用传统的木构架体系，“洋”材料仅在局部使用，如玻璃门窗、铁艺栏杆、洋灰地坪等。而造型简洁的门罩、窗檐和线脚，虽显“洋”风，但仍然采用了徽州传统的青砖

参考文献：
[1] 刘伯山，论徽州传统社会的近代化[J]，学术界，2006.6：142-152页
[2]（清）刘汝骥，《陶甓公牍》卷十二：法制科·婺源风俗之习惯·居住，596页
[3]（清）刘汝骥，《陶甓公牍》卷十二：法制科·婺源民情之习惯·住居之流动固定，592页
[4]（清）刘汝骥，《陶甓公牍》卷十二：法制科·歙县民情之习惯·食用好尚之方针，579页
[5]（清）刘汝骥，《陶甓公牍》卷十二：法制科·歙县风俗之习惯·居住，582页
[6]（清）刘汝骥，《陶甓公牍》卷十二：法制科·祁门风俗之习惯·居住，603页
[7] 龚恺，《豸峰》[M]，南京：东南大学出版社，1999.9，75页
[8]（清）刘汝骥，《陶甓公牍》卷十二：法制科·绩溪风俗之习惯·居住，616页
[9] 梁琍，论清末民国徽州民居的变异[J]，小城镇建设，2001.9，55-57页

图 13：黟县南屏南薰别墅格栅窗

图 14：婺源庆源村敬慎堂"寿"字砖雕

灰瓦和工艺手段。

3、装饰特征

徽州建筑形式上的西化，并未影响其建筑色彩的表达，"黑、白、灰"仍然是构成徽州村落色彩的基调，体现了徽人追求宁静、简朴、雅致、自然的价值观念和审美心理，也反映出千百年来，徽州社会文化形态稳定的延续和传承。

而"西化"的徽州建筑中，虽然传统的装饰元素大量减少，门罩、隔扇等重点的装饰部位，也趋于简化，但并没有出现如欧洲那般复杂的"西洋"雕塑、壁画，西化装饰元素的使用相当保守。即便雕饰大幅减少，但也并未绝迹，如婺源庆源村敬慎堂，在八角形天井周围，便做了复杂丰富的木雕装饰。传统的装饰题材亦有保留，如敬慎堂的西式建筑立面上，镶贴了 108 块雕刻有不同字体"寿"字的青石板，檐口也装饰有万字回纹，非常精美（如图 14、15）；歙峰"涵庐"立面使用了传统的冰裂纹图案，南屏村"南薰别墅"镶嵌彩色玻璃的格栅门格心也以冰梅纹图案装饰。

综上所述，清末民初，"西学"之风从通商大邑吹拂到徽州乡间，徽州建筑文化亦蠢蠢欲动，受到"西学东渐"和稳固的徽州文化传统的双重影响，西式做法虽渗透到徽州建筑的方方面面，但并不彻底，形成了中西杂陈、中西合璧的建筑面貌，它是在特定的环境和时代背景下形成的，为我们深入了解晚清民国时期的徽州社会文化生活的变迁，提供了极具价值的标本。END

（本文作者隶属安徽大学艺术学院，本文为 2015 年安徽省高校人文社科重点项目《城镇化进程中徽州古村落园林的景观价值评价与保护研究》（项目编号：SK2015A249）的阶段性成果）

图 15：婺源庆源村敬慎堂檐口万字回纹

垂直工作室模式的建筑设计教学探讨——以布拉格建筑学院《建筑设计》课程为例

撰　　文｜蒲仪军、Elan Neuman Fessler（捷克）
资料提供｜布拉格建筑学院，蒲仪军

一、捷克高等建筑教育简介

作为发达国家，捷克的建筑学及工程教育的历史比较悠久。1707年，皇帝约瑟夫一世在布拉格创立了欧洲第一个工程学院——工程学院（School of Engineering）。20世纪初，捷克的建筑设计在欧洲现代主义运动中显露头角，对欧洲实用功能主义的发展产生了重要的影响。此外，捷克也保有众多建筑大师的作品，比如，1930年阿道夫·路斯（捷克布尔诺人）在布拉格设计的米勒（Muiler）住宅和1928年密斯·凡·德·罗在布尔诺设计的图根哈特（Tugendhat）别墅等（图1）。

目前，捷克共计有7所高等院校开设9个建筑学教育点。其中捷克理工大学建筑学院(Faculty of Architecture, Czech Technical University in Prague)是捷克最大的建筑学教育机构，布拉格建筑学院（Architecture Institute in Prague）是中欧地区少数本科以英语教学的院校。理工大学的建筑学授予工程建筑师学位（the Degree of Engineer Architect），而艺术院校参与的建筑教育授予学术建筑师学位(the Degree of Academic Architect)。

捷克建筑学的教学根据《博洛尼亚宣言》分为3个阶段：本科学习3年、硕士研究2年和博士研究3年。建筑系的课程与欧洲其他院校的教学内容保持着连贯性，以总计14个分科来确保教学能够在人文、技术和艺术等方面达到均衡分布。

二、垂直工作室模式的建筑设计教学简介

捷克的建筑教育有着与欧洲一脉相承的传统，保持一种师徒传承的模式。最有特色的就是设计教学的垂直分布的工作室制度。这是围绕职业建筑师培养目标进行的课程设计，学生毕业所需的课程大约有1/4是在各种工作室里完成的。工作室的教学一般由捷克著名建筑师或在捷克的国外建筑师负责，一个工作室有两位导师，通常会是一位职业建筑师及一位本校的教师（也参与设计实践）搭配。学生每个学期可以自由选择不同的工作室进行学习。

这种垂直分布的工作室模式的特别之处：从一年级（有的学校是从二年级开始，一年级在建筑基础训练工作室学习）到毕业班的学生会在同一个工作室里各自完成同样的设计任务，但深度和要求根据不同的训练目标而不同。比如同样一个建筑设计任务，一年级强调对于设计对象的基本形体及构成的认知，二年级强调设计对象的建造材料及构成，三年级强调设计对象建造的细节及交接。不同年级的学生在一个工作室中可以相互学习，取长补短，师生之间更可以直接反馈（图2）。

同时，为避免出现学生扎堆选择某个工作室的现象，平衡学生的知识结构，培养相对全面的能力，学校一般会要求学生在整个大学学习期间，至少要参加3个以上的工作室。这样可以使得学生跟随不同

图1：图根哈特别墅

图 2：垂直工作室的工作场景

的导师学习到更多样化的设计和解决问题的方法。

三、布拉格建筑学院建筑设计课程综述

布拉格建筑学院（ARCHIP）是以建筑为特色的国际设计学院，其学生来自世界各地30多个国家和地区，因此也形成了一个思想观念的大熔炉，使得学校一直致力于发展全新的学校形式，即发展成一个全新集合体，将思维、科学、观念和技术训练，融合了传统美国和欧洲模式的社会空间，与波西米亚传统语境相结合。虽然，“传统欧洲的”，“传统美国的”和“传统波西米亚的”只是一些比较笼统的概念，但他们也代表着截然不同的空间和社会主张。

建筑设计（AD）是建筑学的核心课程，布拉格建筑学院的AD课程贯穿到本科到硕士五个学年的每一个学期，并采用垂直工作室模式进行教学。垂直工作室是由来自不同年级的学生组成的，所有年级的学生在同一个地点或同一个项目上共同协作，但是他们的背景和目标各不相同。项目的地点和内容对所有工作室而言是相同的，但具体到每个工作室，学生们使用的设计方法却是不尽相同的。每个工作室都是由不同的导师来领导的，学生每个学期都要换工作室，因此就可以接触到大量不同的训练和设计思维。在本科最后一学期里，三年级的学生可以选择工作室。

图 3：概念汇报

图 4：“我的空间”学生作业汇报

设计工作室的是开放、独立、又互相联系的工作和设计空间，通过共同询问、绘图、交流、思考、保持注意力集中和发挥想象力，同时也互相交换意见，每个学生的独特性和创造性都能得到培育。老师们全力关注与技术和创造观念的培养，互相联系的个体与集体实现了个体与集体之间的平衡。工作室目标就是每一年都要实现一种特定的创造性潜力，这些目标因学生而异，各不相同（图3）。

1）导入设计

这是针对新生的设计入门，通过一系列的介绍、引导性的设计让新生对学校、城市、邻里和同伴更加熟悉。这些设计项目包括“布拉格片段”、“我的空间”和“小组建造”。前两个项目在每一年都很普遍，因此老生可以将他们的经验贡献给新生。

“布拉格片段”要求学生们去探索这座城市，并在一张A1纸上完成一套相关的作图。他们应该在城里选定一个区域做出剖面图，然后讲述关于这个地方的故事，并将故事用平面图和立面图的方式表示出来。这个练习可以在城市里的某一物理环境中，将人对时间和空间的感知联系在一起，并把它们用基本建筑制图表现出来。

“我的空间”要求学生们去探索其工作室教室并制作一个模型。这项工作有着双重目标：首先，给每个学生一个表达自己个性的机会；其次，在第二周，强调每个学生与主要工作室教师之间的紧密联结（图4）。

“小组建造”是一项小组设计任务，其

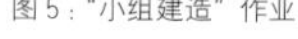
图 5："小组建造" 作业

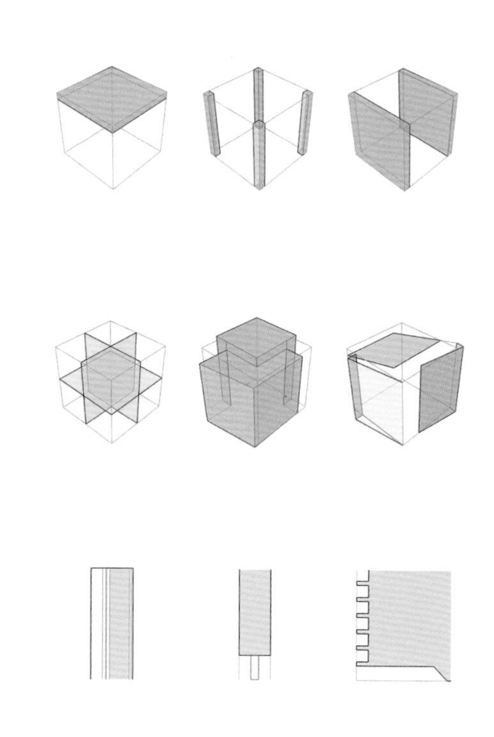
表 1- 表 3

设计的基地位于学校周边。学生们要设计，制作模型和答辩。这项设计有着社会和文化的维度，同时也能帮助学生熟悉学校周边的区域。学生们开始主动地与他人协作，探索周边环境里的重要地点，并思考如何使公共空间品质提高和进步。今年的项目是"灯塔（比水更亮）"，这是一个浮动的公共空间（图 5）。

在以上三个设计项目完成之后，一年级学生就可以加入到其他年级学生的设计队伍中。

2）AD1

一年级第一学期的建筑设计（AD1）主题是体积、环境、内在、层次和质量。该项设计是建筑形式和语汇方面的练习。其目标是培养一种有用的知识，这种知识涵盖了基本的形式、构造、制图、尺度、集合和建模，以及空间概念的抽象方法。该项目是模型和图纸之间持续不断的对话，他们是一个统一的不可分割的组成部分。该项目要求学生对空间形式和本体之间的关系能不断做出有效的评估（表 1）。

即便没有装饰，没有与时俱进的风格，建筑形式也是足够创造出为人们提供庇护的空间环境的。本设计开始于虚与实，面与体之间的抽象构造。通过概念抽象、与太阳的关系、场景、环境和项目需要（人类或功用的需求），住所会渐渐地发展出特殊的特征。

3）AD3

二年级第一学期的设计主题（AD3）是结构、组织、感知、顺序和转化。该项设计是建筑关系与语法方面的练习。学生们应关注结构和作品内在组织的逻辑性，也应该更加具备分析能力。其目标是培养一种建筑正式"语言"的表达。概念图表将会被用做一种组织策略和一种正式的工具。该项目是模型、图纸和图表之间持续不断的对话。要求设计师对以下问题作出有效的评估：即建筑的特征是如何由概念、图表、平面、内在、形式、结构、逻辑和对形式不断变化的认知综合构成的（表 2）。

建筑形式是概念性的，它不能被"设计"，只能被"组织"，不仅是"图像"，也是"建筑物"。设计项目开始于对"空间关系"的概念和能代表此概念的抽象图表。分析空间结构、时空经验和形式不断变化的图像，都是设计的一部分。

4）AD5

三年级第一学期的设计主题（AD5）是建造、连接、元素和交互。该项设计是综合和集合方面的练习。学生们要把建筑体系看作是一个综合的、多位面的整体。其目标是培养一种有用的知识，主要包含体系和层面的综合以及对建造活动的准备。该项目是模型、图纸、图表以及建造材料之间持续不断的对话，是对环境及技术要求的综合（表 3）。

即使是对于概念设计，设计预算也是必不可缺的步骤。为了更好地建造并了解材料用途，构造是非常重要的。设计始于对空间与材料全面的概念，其概念与对建造环境的分析关联。设计过程使材料及材料在建筑上的使用、表现及协作得以发展。

5）AD7

研究生虽然正在攻读一个新的学位，但仍然是学校纵向的、连续教育体系的一部分。研究生一年级第一学期（AD7）的设计主题是感知、文脉、景观和类型学。设计题目是一项通过对敏感区域的城市与建筑的干涉来定义一个大尺度区域的练习。学生们应学会设计分区规划城市景观。

概念与类型学将得到探索与使用，以便学生能在一个巨大的尺度上，如布拉格，来学习精细的城市设计。学生会学习研究其多用途和通过类型学的方法以给发展滞后的区域带来价值。设计成果将会通过大尺度的城市模型上展示 。

6）AD10

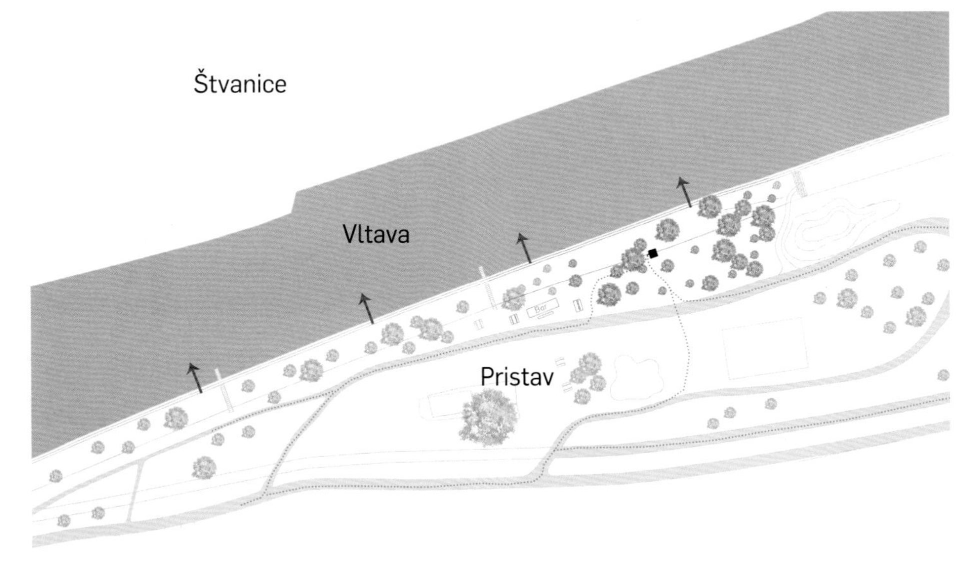

图 6：设计基地

研究生二年级第二学期（AD10）是毕业设计。学生们将要自己选定一个研究地点，并对环境作出完整的回应。关注重点包括：环境的、社会的、生态的、历史的、技术的和文化的意义，以便设计出有意义的当代建筑。该设计的目标是通过对一个特定区域建筑的探索，使基地能得到一种多维度的、多学科的跨越发展。学生们在选择题目是应该考虑自己祖国的地点和项目。

7）2015 年秋季学期建筑设计

2015 年秋季的设计项目坐落在布拉格休闲区 Přístav 18600，该区位于伏尔塔瓦河畔的 Karlin。选这个地点，有其背后的社会、环境和政治原因。这是一个有很多文化活动的公园区，虽然区域很小，但却毗邻繁华的大城市。

本科生的设计项目，叫做立方体营造"Operation In[CUBE]actor"。这是一个可容纳 2 个成人（包括最多 2 个小孩）的临时寓所。该寓所可以从人行步道或自行车进入。主要是季节性的（春天到秋天）临时使用，因此不需要考虑供暖、电力和卫生设备。环境影响已经被考虑过（防晒、自然通风、景观与照明等）。该寓所应该是易于使用的，但也是概念性的。也必须能易于拆除和在下一个季节重建。

设计最大体积是 33m^3。以一个基本的形状（立方体）作为出发点，寓所的形状被概念及内外因素界定后，最终变得独特。学生和系里来投票选出每个工作室的优胜者，工作室再深化优胜设计的施工图纸，寓所将会在 2016 年夏季前建造。

研究生的设计项目，被称为"尺度和感知"。基地位于河的北岸，从 Přístav 18600 到 Rohansky Ostrov Golf Driving Range。这是一片 123.5m^2 的大型区域，目前用途尚未清晰，毗邻新 Karlin 商业设施。该地目前尚需要新的定位。学生通过详尽的研究分析这片大区块，全新的、全局性的观念也将得到探索与发展。虽然该区域面积巨大，但是设计项目的主题却是敏感的。这种敏感性通过考虑城市、建筑和景观的意义而得以实现（图 6-22）。

8）学生设计感想

我的名字叫拉斯·施密特（Lars Schmidt），今年 21 岁，来自德国首都柏林。我喜欢建筑，喜欢观察、触摸他们，感受他们是用什么材料制成，并着迷如何来设计一栋建筑。

一年级的设计工作室导师是建筑师 Paul DeLave 与 Jaroslav Wertig，他们每周都会为工作室学生提供指导，这些指导包括对过去一周所做的工作的建议和如何精炼概念及提高设计。我在这个工作室里学到的一件很重要的事情就是设计作品时需要有自信心。导师们尊重我们的创造力，教授我们各种设计表现软件，并给我们充分的表达自由，也很注重我们的概念是否与我们答辩时所陈述的内容相符。现在看来，这些在潜意识中教会了我们如何明辨对错，也培养了我们如何独立发现自我，并通过和团队协作解决问题。在每周的讨论中，我们一年级的学生会得到工作室导师和高年级同学的意见。我很幸运，组里有两位有趣的挪威同学，他们总是给我有益的建议，这些分享对于我以后的发展非常有益。

二年级第一学期的设计课是在建筑师 Michal Palaščák 和 Petra Fialová 的工作室，这个工作室的教学方法与我之前工作室里是非常不同的，学生被推动着要求进行更加独立地工作，而非每周常规讨论。通过分析这个工作室里之前学生的作品，我逐渐学会如何从简约设计中找出基本的概念。我意识到成功的秘诀是提取最初构思的基本元素，并对其进行重组，以满足使用的要求。这些经历提升了我的设计思维，我很幸运地赢得了这次学生设计竞赛，我的第一个的项目：The View 也即将实现。

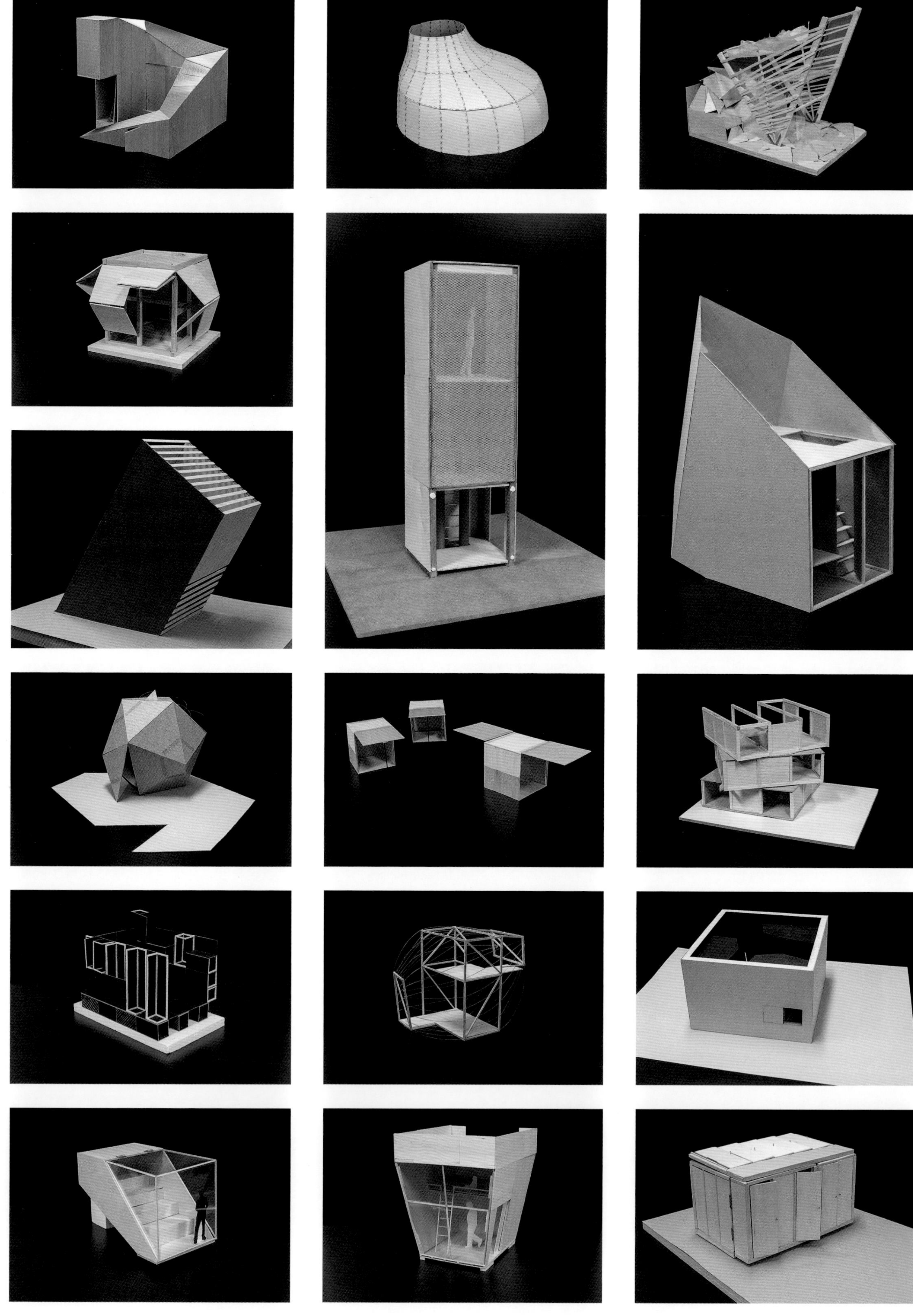

图 7-22：优秀学生作业

图 23：模型

图 24：效果图

图 25：立面图

四、总结

"垂直工作室"组织是捷克建筑教学中非常通用的一种模式，这种不同年级之间多层次的对话让每个人相互学习，因每次大的设计题目均相同，即使不同年级训练的目标不同，但在思想和观念层面上，这些设计就可以很方便地互相比较。例如，三年级的学生可以学习一年级学生有条理的抽象和简化，一年级学生即便不完全理解深奥的建筑理论体系，也能向三年级学生学习如何让复杂的建筑体系和细节与个人的抽象观念相适应。不同年级的学生，一如既往地提出了各不相同的解决方案。这些设计项目互不相同的表达方式，恰恰是学生互不相同情况及特质的反映。

"垂直工作室"教学的特色还在于每年都会让一些截然不同的观念和目标结合在一起，这些观念和目标的尺度和复杂性也都在与日俱增。通过学校多元化的社会组成、工作室开放的组织结构、垂直的工作室的模式和因地制宜的设计项目等方法，培育出有思想、具有全球视野与本地联系的建筑师。学生得到的不仅是建筑技术性、创造性及概念性的潜力，他们也从环境获取知识，甚至潜移默化地发展出了一种人性化的世界观，一种深刻的、与当地甚至全世界的人的相连接的能力，一种交流与协作的能力，以及用双手与想象创造有意义的建筑的实践过程。

"垂直工作室"的建筑设计教学与国内的"平行分布"的建筑设计教学有较大的不同，这种教学模式更接近传统意义上的"师傅带徒弟"的工匠传统。作为一种建筑设计的教学模式，可以为我国设计教育提供一种有益的参考。END

图 26：workshop

林迪：我干什么都是业余的

撰　文 | 徐明怡

1960 年出生于云南德钦
1985 年毕业于云南艺术学院美术系
1985 年云南艺术学院民族艺术研究所工作
1997 云南艺术学院设计学院任教至今
昆明林迪室内设计公司总设计师
云南省装饰行业协会设计专业委员会会长

我的一生，
就没有干过什么专业的事情。
我学美术，
却没有成为一个画家，
反而去搞调研，
一会又去做了设计
再随心所欲地拍拍照片，
就到了现在。

——林迪

I 林迪摄影作品

ID =《室内设计师》
林 = 林迪

从画画到设计

ID 和许多室内设计师一样，您以前是学美术的，能谈谈那段经历吗？

林 从幼儿园开始，我就比较喜欢美术。我觉得我画得比别人好，也喜欢画，这是我与别人不一样的地方。不过，一直都是瞎画。直到高中的时候，我邻居找我当模特，这个过程中，我发现画画特别好玩，就开始正规地学习绘画，一学就非常喜欢。

高中毕业后，下乡去了农村，后来又回城当工人。在当工人的三年里也一直画画玩。到了 1981 年，我觉得这样下去总有哪里不对，当时国家正好开始恢复高考。其实，我从没有想过要去上大学，我一直觉得我的学习不太好。但当时，突然就有了这个念头。我就赶紧去补文化课，参加了 1981 年的高考。考得很好，素描和色彩都是满分，文化课也过了，学号还是 1 号。就这样，我进入了大学，周围的人都是画画的，上课也比较轻松，在愉快的氛围中度过了四年。

ID 那您毕业后为什么没有继续画画呢？

林 毕业后，我就留校了，但是那年留的不是教书的岗位。当时，我们的老院长对留校任教是比较反对的，他觉得这叫“近亲繁殖”。我被弄到了民族艺术研究所，搞民族艺术调研，这与我学的专业完全没有关系。就这样，待了七年。

ID 搞民族艺术调研是怎么回事？

林 基本上每年都是到处游山玩水，在这七年里，我几乎把云南的每个角落都跑遍了。那时候年轻嘛，觉得无比的快乐，哪里偏僻就往哪跑，到处去收集很多民间工艺，比如绣花、挑花、纺织等。和我们一起下去的，还有舞蹈、音乐和戏剧等其他专业的。现在艺术学院里陈列的很多民间艺术品，都是我那时候收集来的。为了和老乡打交道，我在那个时候学会了抽烟、喝酒。不过，在这七年里，我还有进行图像与影像资料的收集，我拍了很多资料照片，其实，我与摄影的渊源和这段经历也是有关系的。我走的时候，把这些资料都留在了研究所，现在这些照片在哪里我也不知道，可惜了。这段经历也让我深度了解了云南。

ID 七年后，为什么会放弃民族艺术调研？又去干了什么？

林 这也是个很奇怪的经历。当时我正处于困惑期，因为我并不擅长搞这种民俗的理论研究，也没什么兴趣。虽然我已经尽力去做了，但是我觉得我不太会搞得很好，我应该去做些和我的爱好能对应上的事情。那是 1990 年代初期，一个全民下海的时代，所有学校都在搞开发公司，我们学校也不例外。老院长找到了我，“学校要成立一个艺术开发公司你愿不愿意到这个地方来，你可以搞设计。”其实，我对设计一窍不通。但老院长说，“没关系，我们国家这个专业成立得很晚，也没人很专业地学室内设计，几乎都是学美术的改行，所以如果有些美术基础，来干这个应该没有问题。”我想想，觉得这个改变挺好的，开发公司会有很多收入，可以赚钱，就一口答应了。

ID 突然转行做室内设计，过渡困难吗？

林 很奇怪，当时我觉得是知道“营造”这种东西的，并不难，很快也就进入了状态。找些范本，学学就开始做了，也开始画效果图。但当时，学校把我逼得挺厉害，一开始就参加了一个非常大的投标项目——西南商业大厦，这是西南地区非常大的工程。我是负责设计的，但手下没什么正儿八经的设计师，都是工艺系的老师，各个老师做出来的风格都不一样。那个投标搞了三个月，最后，我们获得了三等奖，前三名可以入围到下一步设计。排在我们前面的，有装饰协会旗下的，由云南 17 家公司联合起来搞的公司，还有一家是深圳长城公司。当时，我觉得很惭愧，深圳那家公司的图纸画得极其专业。这样的经历也很锻炼人，那个项目做了一年多，我做了些局部的设计。也是那次合

1 2 | 4 5
3

1-3 林迪摄影作品

4-5 弥勒象罔艺术酒店效果图

作，结识了我们云南设计协会的老会长，他当时是甲方的设计总监。

ID 当时是怎么做设计的?

林 那时候的设计其实挺好笑的，我们地处云南，做的设计都会带点民俗风味，像餐厅、度假村、旅游项目等，都是属于民俗风味的设计。那时候都是很粗放的设计，比如我们会直接移植一个傣族风格的空间，把少数民族的元素带到设计里。

ID 设计界对这种风格是很批判的。

林 是的，我现在从来不做这种风格，而且非常反感，我反对把空间直接化妆成那种样子。虽然在今天看来很土，但那个年代，在现代建筑里盛放民族风格是非常流行的。那时候，我连"场"的概念都没有，也没什么空间概念，更多的是注重那种所谓的民族文化的元素，体现出这种少数民族的风貌。但学校办的企业，注定是办不好的，它受制于很多因素。这个公司在五年后就垮台了。垮台后，我就不知道自己可以干些什么，去欧洲转了三个月。因为本来是学艺术的，总是到处去看看博物馆什么的，但人家觉得我是搞设计的，是在到处看装修。欧洲的设计与我们当时做的非常不一样，虽然只是走马观花地看了下，但对我的设计还是有影响的，我也开始认认真真地反思了"设计到底是怎么回事"。

ID 反思后，干了些什么?

林 我发现我这个人的运气挺好的。当时，"工艺美术系"已经改名了，变成"设计系"，我以前的老师在设计系当主任。他问我，"你们公司垮台了，愿不愿意来我们设计系，我们这边需要有实践经验的教师"。1997年底，我正式成为了一名教书匠。但教书是不能乱说的，我又开始真正系统地去梳理"室内设计"专业知识，把室内设计是个什么，学科是个什么，系统地去了解了下。不过，这完全是为了备课。梳理了后才发现，我以前就是个很业余的设计师。就像前面我说的，我干什么都是业余的。

疲惫的十年

ID 您后来与人合伙搞了个很大型的装饰设计公司? 这段经历是怎么开始的?

林 教书的同时也接点活，不过只是做设计，不管工程。2001 年，我有两个搞装饰公司的朋友，他们都是学管理的，不懂设计，他们希望和我一起成立一个公司。于是，我就开始正儿八经地做了个装饰公司，这其实才是我比较正式地进入这个行业。之后，我一直边教书，边做设计。在这个过程中，我虽然是负责设计的，但我后来发现，其实就是在做生意。公司发展比较快，最多的时候，差不多有一百人。但我就觉得每天都疲于奔命，虽然也有些成就感，但做得非常辛苦。那段时间的设计，我现在都羞于拿出来给大家看。

ID 您在做装饰公司时，主要做些什么项目?

林 我那时候主要做公共建筑。那个年代，房地产行业比较红火，我就稳定地为一两家房地产公司服务，给他们做样板房、售楼处，后来为他们做酒店、大的商业中心，还有电影院、餐厅、酒吧之类。我几乎什么都做，那时的我，特别没有态度，就是在机器里跟着转的一个部件。这个阶段还是比较漫长的，一直到 2012 年。

ID 那您应该做过很多项目，但我在网上几乎很难搜索到您过往的作品，为什么?

林 我是个很不自信的人，觉得做得不好，很少去宣传自己的设计，我觉得设计过了就是过了，就没有意思了。

ID 为什么没有意思?

林 因为它是一个很商业的东西，以工程为目的，基本就是迎合甲方的那些诉求，设计在里头完全是为这种行业的利益服务的。这种设计，一是商业味太重，二是没什么意思，不是我认为的那种空间艺术，其实就是生意。

ID 对您来说，设计就是个生意?

林 对，就是个生意，我一点都不避讳这个问题。以前的作品不能拿出来，因为有很多人的影子在里头。甲方带我到处去看，那种东西，看一眼后回来就会做。

ID 这其实是大部分设计师真实的生存状态。

林 我也是这样过来的。设计界经常说什么"个性"，我总说，我的个性早就死掉了。我在设计上没有个性，真的没有。

ID 这其实已经是家很成熟的装饰公司了，是什么促使你下定决心离开呢?

林 做装饰公司的这十年其实是密度非常高的十年，也是非常疲惫的十年，这是我非常讨厌的状态。在 2010 年的时候，我就开始有点厌倦这种生活方式，我觉得好无聊，很抗拒这种生活。在我 50 岁生日的那晚，我觉得非常空虚，年过百半，折腾了大半生，我都干了点什么呢? 再这样继续干下去，有意思吗? 但毕竟是大家一起合伙开的公司，我也不能完全撂挑子。不过，我开始了比较消极的工作态度，经常连班也不去上，好在我在这十年里培养了不少不错的助手，他们现在都是设计总监，可以独当一面。到了 2012 年的时候，我真的想明白了，就退出了公司。这对公司的震动挺大的，我在离开时表过态：第一，我不会再去搞装饰公司，不碰工程类的事情；第二，我先休息两年，去拍拍照。其实，拍照片是个长期的事情，我一直在搞。

1 2 3 4

1-4 云南建水听紫云文化度假酒店

感觉对我来说很重要

ID 从装饰公司出来后，您干了些什么？

林 在家闲了一年，什么都不干，什么也不想干，就想以后都不干这个行业了。天天在家泡泡茶、看看书，找个喜欢的音乐听听，没事出去拍点照片，有课的时候再去上上课。我老婆觉得我这个状态很可怕，经常让我出去玩玩，出去找朋友喝喝酒，她怕我得抑郁症，但我觉得那段时间特别舒服。

ID 这种闲云野鹤的日子一直持续下去了？

林 没有，在这一年里，有些老客户还是会来找我做些东西，在这段时间，我碰到了一个很特别的项目——听紫云。一伙好朋友和我说有个老房子特别好，叫我下去看看。（听紫云位于离昆明3小时车程的建水古镇）我从小都是在老房子里长大的，对老房子有一种情结，看到听紫云以后，我就说，"这事就这么定了，我来干！但是经营那些问题我们可以讨论，怎么呈现，你们必须闭上嘴！"他们问，"连讨论也不可以？"我说，"不可以！"

ID 这个设计开始得非常霸气。

林 是的，只要一讨论，我扮演的角色永远都是说服。其实，这个设计在进行的过程中一直都在讨论，只是我一直比较坚持。在这个房子的设计过程中，我对我自己做了个最重要的梳理，就是"设计不应该是加法，真正做得好的设计，是减法做得好"。

ID "减法"的设计理念如何呈现在听紫云的设计中？

林 从一开始做这个项目的时候，我就觉得设计不是显性的东西，设计的高明在于如何将这座房子内在的东西呈现出来，看不到设计的痕迹，我觉得那个时候才是最好的。听紫云原来的房子是座老房子，虽然非常破烂，但是场所精神还在，我尽可能地将它恢复到原来的样子。

ID 修旧如旧？

林 不完全是。我对建水的老建筑还是比较熟悉的，其实，每个老房子的做法都不太一样。那个地方本来就是外来人比较多的东西，比如浙江很多商人当时过来做矿的生意，同时也把江南的营造方式带过来了。听紫云在改建前也算是县级文物，但很多重要的构件，比如门窗什么都没有了，也没有历史照片。县上的文管处给了我很多建议，比如建水的门窗可以怎么做。但我觉得，我肯定不会去做一个假古董，现在的听紫云就是座废墟，他被破坏的事实也是一段历史。我要做的，就是把原来留下的东西都留下，原来没有的东西我也让人家一目了然。新的东西绝对不要和古人竞争，和原来的宅子竞争。所以，我的设计尽可能地没有任何的装饰，墙就是墙，窗就是窗，我只是把这个房子重新修好了。

ID 这个项目让你有了开自己个人工作室的想法？

林 我没想到这个房子会修那么久，差不多三年时间。但在这个过程中，我逐渐清晰了起来。那就是，我以后都要做这样的设计，小型的设计，真正可以亲近的设计。我希望能和空间形成对话关系，这才是设计比较重要的地方。后来，在朋友的鼓励下，去年3月份的时候，成立了个人的小工作室。我给自己划了一条线——绝对不超过十个人，其中，真正搞设计的也就是六七个人。

ID 除了您谈到的最初的经历，画画纯属自己的爱好，后来人生的每个阶段都是有人在推动您往前。您目前的个人事务所似乎是您的主动行为。

林 是的，我是个被动的家伙。这次搞的工作室是我第一次主动去做的事，也是我第一次当法人。我以前干的其实都是"设计总监"的活。

ID 能举些这么多年来，您依然愿意拿出来说说的项目吗？

林 有两个项目我一直愿意说，一个是建水的听紫云，还有个就是西南联大的会泽楼。我是十年前接手这栋楼的改造设计的，它是个历史建筑，是西南联大很重要的一个标志性建筑物。学校让我把这栋楼改造成学校

领导办公室。这个房子其实是个“大杂烩”，里头红砖也有，青砖也有，经历过地震，还被日本飞机轰炸过。我要做的，就是保留这些历史，但改变格局，加些网络、卫生间，现代设施。很庆幸，这栋楼没有毁在我手里，让我现在还可以拿出来说说。

ID 在以前的大型公司里，其实也可以做喜欢事情，为什么选择离开?

林 要养那么多人，就势必要接很多项目，而我现在的规模，一年做两三个项目就够了。那个时候，完全是拼命，现在就可以有更多选择性。

ID 现在会选择做些什么类型的项目?

林 在工作室人手不多的情况下，我就不能做大项目。我用这种方式将自己约束在有限的设计范围内。从去年到现在，我一直都在做小项目。运气好的话，我应该还会碰到些我喜欢的项目，就是那些能和项目形成互动，拥有个好玩的过程的项目。我觉得这应该是设计应该去追求的东西，而不是那种我深恶痛绝的疲于奔命的状态。

ID 您梳理过自己的设计风格吗?

林 我正在做这个事。年纪也大了，不能总以个混世的状态混混吧，但目前还没做到像别人那样深入细致的梳理。

ID 您认可的设计是怎样的?

林 我觉得设计感并不是复杂的空间表现，舒适度和心理体验才是设计，这是我在十年前就存在的想法。当时，我去丽江朋友的奶奶家，小院并不大，放着把很旧很旧的他奶奶坐的椅子，上面还垫了些完全变形的垫子，形成个倾斜的角度，那个形状一看就与他奶奶的身体非常契合。他说，他奶奶每天都坐在这里，已经快 60 年了。后来，我就明白了，设计到底是什么? 经过 60 年的调整，这把椅子已经是不能再挪动半厘米的，目前的状态就是最完美的，我认为这才是最牛的设计。

ID 什么是设计中最重要的?

林 感觉对我来说很重要。感觉好了，自己就会是种打开的状态，可以把自己推出去，形成种良好的交流。中国人经常会讲“心”这个概念，心境是很高级的，它并不是具体的东西，中国古代文人一直都在借山水、花鸟、青菜萝卜石头等来追求这个，或者说，中国文化追求的就是这个。

ID 我能理解为这是您的追求吗?

林 实际上，我是慢慢在感觉，这个东西没法追求。

ID 是否还会做大自己的事务所?

林 不会，我其实没有什么宏大的追求，我的身上没有那种使命感。

ID 但是您还是在致力于推动云南设计?

林 那个是我没办法，我是被推动的。如果不当会长，我根本不会去想这些事。

打造更美好的云南

ID 您每次的曝光都与云南息息相关，您是地道的云南人吗?

林 我是个地道的云南人，但是我的父母不是。我的父亲是福州人，我母亲是成都人。我一岁的时候就到了昆明，一直到现在。我很少出来，也没在其他城市生活过，我就一直都在昆明，应该算是个地道的昆明人，我见证了这些年昆明的变迁，所有大大小小的事情我都知道，所以我对“故乡”这个词的体会是很深的。

ID 您这么一个随性的人，怎么会去做会长?

林 以前的老会长比较信任，他找我做接班人时，我一口就回绝了。因为我觉得我是个散漫而个人主义的人，根本没有做这种事情的愿望。但老会长一直在说服我，他对我的评价过高了，他说我这个人的人品很好，在这个行业里那么多年口碑很好。最终，还是被老会长打动，硬拽上了这个位子，其实，我是一直诚惶诚恐。

ID 会长这个职位是很多人奋斗的目标，为什么会诚惶诚恐?

林 我是个喜欢藏起来的人，不是个表演者。我觉得我可以有些独到的见解，但叫我去表演，就会有种小丑的感觉。在协会成立换届的时候，我的脚就控制不住地抖，很丢人的。

1 2 | 3 4

1-4 林迪摄影作品

ID 您不是一直做老师吗？上课应该是家常便饭。

林 我从小就是那种特别害羞的人，在大庭广众下讲东西，就会特别没有自信，这种紧张感到现在还在，这是我一直存在的问题。现在已经比以前好多了，以前汇报方案的时候就会紧张，需要与人处熟了后，形成像朋友的那种关系，才能汇报得比较好。当我面对陌生人去编些套路话时，我就会特别没底。

ID 现在的协会做些什么？

林 这个协会历史很长，老会长之前也有一套自己的东西，就要"弘扬地域文化"。我们现在做的其实还是在按照这个方向去发展，把云南是个怎样的地方弄清楚，有些什么东西，作为现代设计又该以怎样的方式去呈现。我们会为云南的设计师做一些服务，但究竟做什么服务呢？云南设计该以怎样的面貌呈现？应该以怎样的诉求去呈现？我也一直在思考这些事，我觉得应该把这些东西理清楚。

ID 如何梳理？

林 在历史上，云南是个非常复杂的地方，庄跷入滇后，不断有各种来自四面八方的外来人与当地融合，形成了非常丰富而多元的现状。我觉得设计应该是有生命的，云南设计没有做好，就是没有把那些云南特有的地理和人文的东西梳理好。作为现代设计，如何把那种魅力用一种现代的方式表现出来是我们应该去探索的。

ID "云南设计"是个关于地域的口号吗？

林 不是，云南本身就是个交融的地方，我不是狭隘的地域主义者。我觉得云南设计不仅包括云南本土设计师，还应该包括全中国的设计师，甚至是国外的设计师。云南设计的最终目的是什么呢？就是"依托地域文化，打造成更美好的云南"，这是我们协会追求的东西。

ID 协会有些什么具体措施吗？

林 我们协会是个非盈利机构，一直在推动与发现年轻设计师。我们的选择不是以数量为标准，而是强调要做得好，有设计责任感，我们的原则是回到最初诉求的价值观。我们不会起些高大上的名字，搞些很有噱头的活动，只是按照春夏秋冬这四个季节做四场活动，每场都推出两个人，请他们将设计经验与过程与大家分享。我们推的都是云南本土的设计师，他们的设计都具有创新意识。今年春天推的是李众，他的设计大多都在香格里拉。他做设计很用心，甚至会跑到河里去捡回很多软装的东西。那次分享会的时候，他就把那些为他做陶灯、打银器的匠人都请过来了。我觉得这些都是很有意思的，让别人了解他是怎么做的，在这个过程里经历了什么，激发他灵感的源头又在哪里，让大家见证设计过程中的酸甜苦辣。第二期就会偏商业一些，秋天和冬天也安排好了。我觉得每期能有两个代表，一年就有8个，这八个设计师就是今年云南做得最好的设计。最终，这些会形成年鉴，成为云南室内设计史记。

ID 其他协会都会做评奖，或者搞些非常大型的活动，那些浮夸的活动得到的认可度更高，相对而言，你们的活动很低调。

林 浮夸，我也想浮夸，不过我没那个本事，我一浮夸就可笑。其实，浮夸是形成影响的一种非常有效的手段，一般人也不会去探讨那么多东西，都是强行接受的。我们只能搞个"干货"的年鉴。其实，室内设计是个很奇怪的事，它们的寿命都不长，几年后都不在了，那么多设计师做了些什么，都没有文献，也没有档案。而云南那些小县城里都会有"县志"，把那些鸡毛蒜皮的小事都会记录下来，比如谁家豆腐做得好，谁家棺材做得好。我们的年鉴其实就是这种类型的文献档案。

摄影是个无用的爱好

ID 今年初，你在我们杂志公众号上的采访——《林迪眼中的黑白世界》，点击量和转发都非常高。

林 嗯，导致我现在出去经常被人当作是摄影师，而不是个设计师。其实，我一直有两

条线，一条是作为生存的设计，另外一条就是摄影。摄影是我自己的爱好，这是一个没有目的的、自娱自乐的爱好。

ID 您的摄影非常棒，而用镜头记录自己的作品也是很多设计师的习惯，为什么我几乎没有看到您拍摄自己的作品，哪怕是您最钟爱的听紫云？

林 直到今天，在我的微信里，也很少去讲设计。我从来不拍那些做过的东西，我觉得没意思。

ID 为什么喜欢拍照？

林 我对拍照片很有热情，任何时候都在里头能寻找到乐趣。我觉得拍的过程很好玩，拍好了以后我就把它发到微信上，再以后，我就找不到了。所以，别人管我要照片时，我就非常痛苦，找起来非常困难。

ID 爱拍照的人一般都会将照片保管得很好，您的这个习惯很少见。

林 我认为照片是无用的东西，我不知道照片可以干什么。我只是觉得，拍照时的感觉很好，拍下来，赶紧发朋友圈，就算是交代了。它存在过，也记录过了。

ID 拍照与您的设计有某种关系吗？？

林 我拍照其实与我和世界的交流方式有很重要的关系。我以前在艺研所拍照是为了拍资料，拍资料就会养成看各种细节的习惯，进而就会去关注各种生活方式。其实，将摄影反哺到设计里头，它就会让设计显得更鲜活，有点温度。比如很平常的红土包旁的水塘，没下雨时干乎乎的，但雨后的色彩感太好了，这种时候，我就会把它拍下来。虽然这种照片没什么用，但我把这个感觉记录下来了，在设计的时候，就会想到这个场景，也会在颜色使用上也会用到这份感觉。

ID 您之前办过摄影展吗？

林 办过。第一次个展是在瑞士，展出了72幅作品，还为那次展览出了本书。后来，也和一些搞摄影的朋友在香港、大理、西双版纳等地办过好几次群展。不过，都是我拿几张照片就完了，我现在不大热衷这些事，摄影展大多就是拿几张照片挂着，也没什么反响。全世界都喜欢追星，没名气的摄影师大家也不大关注，真正懂照片的人也不多。

ID 那您有没有想过进画廊体系，把自己包装成个知名摄影师？

林 没有，绝对没有。没有人来找过我，我也没有这个意愿。我都说了，这就是个无用的爱好。

ID 您拍照有体系吗？

林 没有，我完全是那种随意派的，以后可能会建立几个专题。

ID 您之前的展览主要展出些什么类型的作品？

林 瑞士的展览主要是人文方面的。我也拍风景，但我拍的那种风景都是些非常平庸的风景，我不会拍那种光芒万丈的奇观，反而会去关注那些普遍会被忽略的，又带有种说不清楚情绪的风景。好几次展览都是展的这种风景，我发现喜欢的人还挺喜欢。就是那种树在特别的光线下，长得像草一样的感觉。

ID 为什么会拍这样的主题？

林 我觉得摄影更能打动人的不仅仅是你个人的诉求，而是照片传递给你的信息。我现在拍照都会去拍那种带有人类普遍性的活动场景，比如吃饭、打牌、娱乐、、买菜……这种带有人类普遍性的，几千年都不会变的场景。我不喜欢那种说道理的东西，也不会在里头讲政治，我希望从日常生活中发现那些隐藏着的诗意，里面应该有种更原始的东西。这很难，但我想尝试，这是我比较着迷的东西。

ID 您这次来上海是为了诗人于坚的展览，您跨界的领域很多。

林 这是我第一次做策展，之前从来没有想过要干策展。于坚人脉也很广，很多人都想给他做策展，但他找到我说，“策展就是个设计。”我想想，也对，就答应了下来。他是个很有名的诗人，也很喜欢摄影，这次的大型回顾展要把他的诗歌、影像与纪录片都集合起来。END

朱家角安麓酒店

AHN LUH ZHUJIAJIAO

撰　文 | 大暑
资料提供 | 朱家角安麓酒店

地　点 | 上海市青浦区朱家角镇珠湖路505号
设计师 | 冯智君
灯光设计 | The Flaming Beacon
竣工时间 | 2015年

作为主打中国风的奢侈酒店品牌，安麓从一开始就已引起业内关注。无论是与安缦的关系，还是其所倡导的新中式生活这个由头，都是话题满满。而主打“东方设计”这个套路在中国酒店业内也有了些许里程碑式的意义。

按照品牌方的愿景，“安麓”是个为中国创建的生活方式目的地度假酒店品牌，“安”取平静、安定之意，“麓”为山脚之下，取隐居处所之意。“安于麓间”表达安麓通透平静、怡然自得的生活方式，为每一位宾客提供远离喧嚣世俗，安逸于静好山川之间的避世体验。朱家角安麓是其第一家面世的酒店，坐落于素有“上海威尼斯”和“沪郊好莱坞”之称的历史名镇——朱家角。

走进朱家角安麓，临街的外立面并不张扬，有些现代日式庭院的风味。直到穿过玄关，瞬间豁然开朗。五凤楼和古戏台这两座徽州古建在院子的两端庄严对望，而这两栋老建筑所散发出的沉静气质直接铺陈出了安麓“新中式”的氛围。

这座超五星酒店大堂为重新搭建的老庭院，按照王爷府规格，两栋老建筑及对面的戏台沿着中轴线排列，其中一个庭院上方被玻璃覆盖，构成一个貌似室外、实际全封闭的内部空间，相当有趣。五凤楼与古戏台是整个朱家角安麓酒店的核心建筑群，也是灵魂所在。前者为明代所建，素有明代徽派古建“江南第一官厅”之称，业主特意邀请徽州老工匠以传统工艺修缮而成。作为旧时宗祠仪门的常见制式，五凤楼历来以巧夺天工闻名于世，5 对翼角如凤凰展翅。现在，五凤楼变身为安麓酒店的大堂，门口镇着两只威风的大石狮，颇有王府之风。

与五凤楼遥遥相望的是建于晚清时期的古戏台。戏台离地约 2m，台前布置了一片水池，台前的两颗宿根美女樱在盛开的季节会把古戏台衬托得格外古韵悠然。其梁柱之间的雀替均为精致的木雕，蟠龙金柱，盘旋而上的藻井，使整个戏台富丽堂皇。古戏台穿插雕刻有大量戏文人物以及吉祥图案，比如郭子仪上寿、曹孟德大宴铜雀台以及盘龙、群狮、凤凰、驯鹿、喜鹊等吉祥图案，色彩绚丽，艺术价值极高。

客房在老宅左侧，由老宅尽头一个出口进入。相对五凤楼与戏台浓墨重彩的“中国味”，客房的设计显得轻松很多，设计师只是在空间局部采用东方元素。比如，所有的客房屋顶全部处理为乌篷船的拱形造型，质朴优雅，于无声处提醒众人身处江南水乡；而房间内处处可以看到摆放的红色仿古漆器以及专门定制的铜制器皿。酒店共有 35 间客房，四种房型。阳庭阁为主打房型，每套占地面积 120m^2，室内面积 65m^2。室内配有一张特大双人床，采用了卧室与起居室合二为一的布局，盥洗区都备有岛屿以及独立的淋浴间和卫生间。END

1	3 4
2	5

1 入口广场，左为古戏台，右为五凤楼

2 五凤楼廊道夜景

3 古戏台细部

4 五凤楼细部

5 五凤楼的每根柱子都特别设计了犹如鱼竿的灯笼架

大夫第

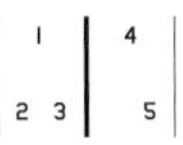

1 五凤楼外观

2 五凤楼内的桌椅条案大多来自业主的收藏，都是些老物件儿

3 迎宾茶具

4 从二楼图书室俯瞰大堂

5 设计师在老院子上加了个现代屋顶

1 餐厅

2 餐厅外的游泳池

3 餐厅细部

4.5 客房

圣特蕾莎之改造

THE REFURBISHMENT OF SANTA TERESA

译　写 | 小树梨
摄　影 | João Morgado

地　点 | 葡萄牙波尔图
建筑设计 | PF Architecture Studio
工　程 | ASL & Associados
施　工 | Homereab
项目时间 | 2013年

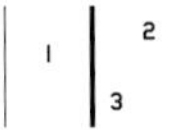

1 改造后的楼内套间

2 复式套间

3 圣特蕾莎外观

在过去的三十年中，波尔图的城市更新进程缓慢，不少老城区都陷入半废弃的境况。然而，这一情况在近来得到了很大的改观，伴随着城市更新与再生的过程，社会、文化、经济及建筑领域都迎来了巨大的变化。

圣特蕾莎小楼正位于重获新生的波尔图老城区的核心位置。在这样一股变迁的潮流中，为了进一步振兴旅游业，建于19世纪的圣特蕾莎小楼的改造随之被提上日程。圣特蕾莎属于当时典型的批量建造项目，和它相仿的项目分散在老城区的许多角落，其基地呈长方形（5.5m×20.0m），楼内中心部位设有一个非对称楼梯。横跨两个世纪之后，小楼几经周折，在改造前已几近破败。

在建筑师看来，圣特蕾莎改造项目最大的难点就是在楼内有限的空间、促狭的布局等不利条件下，打造出尽可能多的小公寓，以满足日趋见涨的游客的短租需求。考虑到小楼的悠久历史，建筑师在制定设计方案时，除了对上述的功能性问题作出了回应，也对圣特蕾莎作为城市记忆的留存点所具有的历史保护意义进行了审慎的思考，即改建原则以同时尊重过去与现在为基准，使新建空间与既建部分相互融合渗透。

基于这一原则，圣特蕾莎小楼的原结构包括地板、墙体、顶棚以及门窗等构件都被保留了下来，故而这些老旧构件独特的构造特征也随之留续了下来。而新加建的部分，如厨房和浴室等都被整合在小体量的白色盒状空间内，通过对这些“盒子”采取简化及抽象化的处理方法，这些新建的空间呈现出一种“谦逊”的姿态，由此实现了新与旧、现在与过去的共生。

改造完成后，圣特蕾莎小楼内出现了9间小型公寓。通过对光线的巧妙把控，这9间小公寓呈现给人的感觉十分清爽齐整。得益于小楼的原有结构，原来的底楼被改造为带有一间小阁楼的复式公寓；而在灵活利用楼内夹层及室外空间后，其余的几间小公寓亦各有各的特色，带给入住旅客不同的感受与体验。END

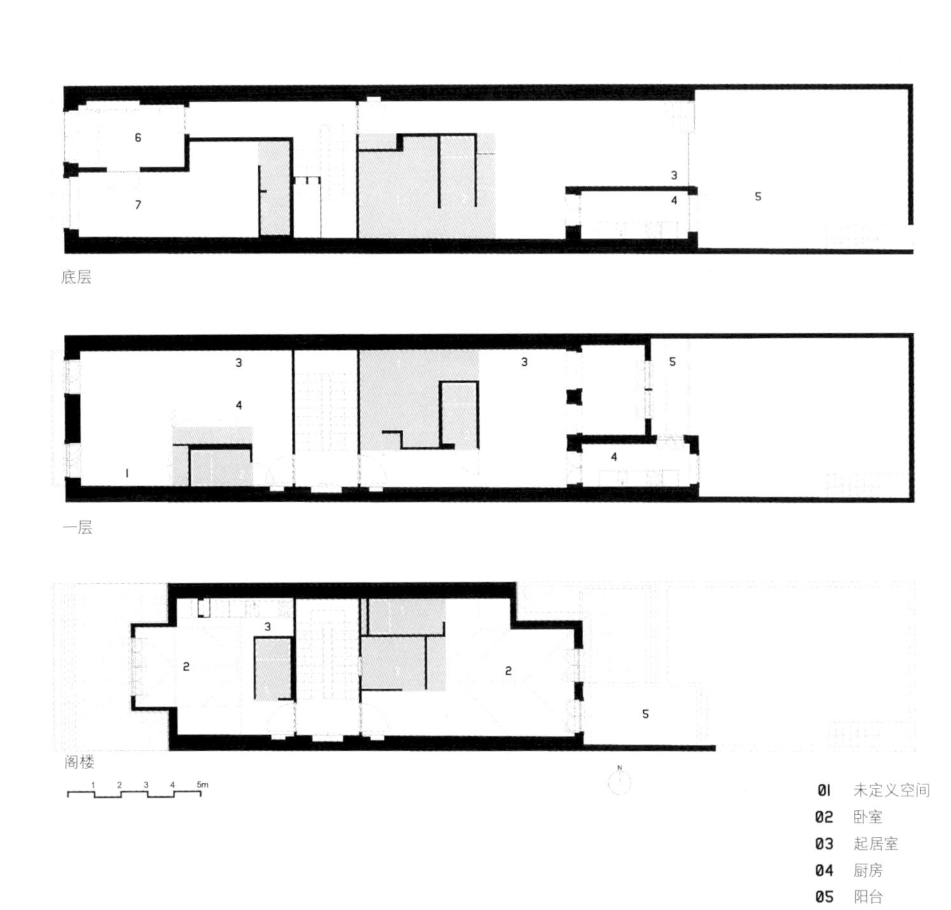

01 未定义空间
02 卧室
03 起居室
04 厨房
05 阳台
06 中庭
07 储藏室

1-3 复式套间细节
4 平面图
5 某套间起居室

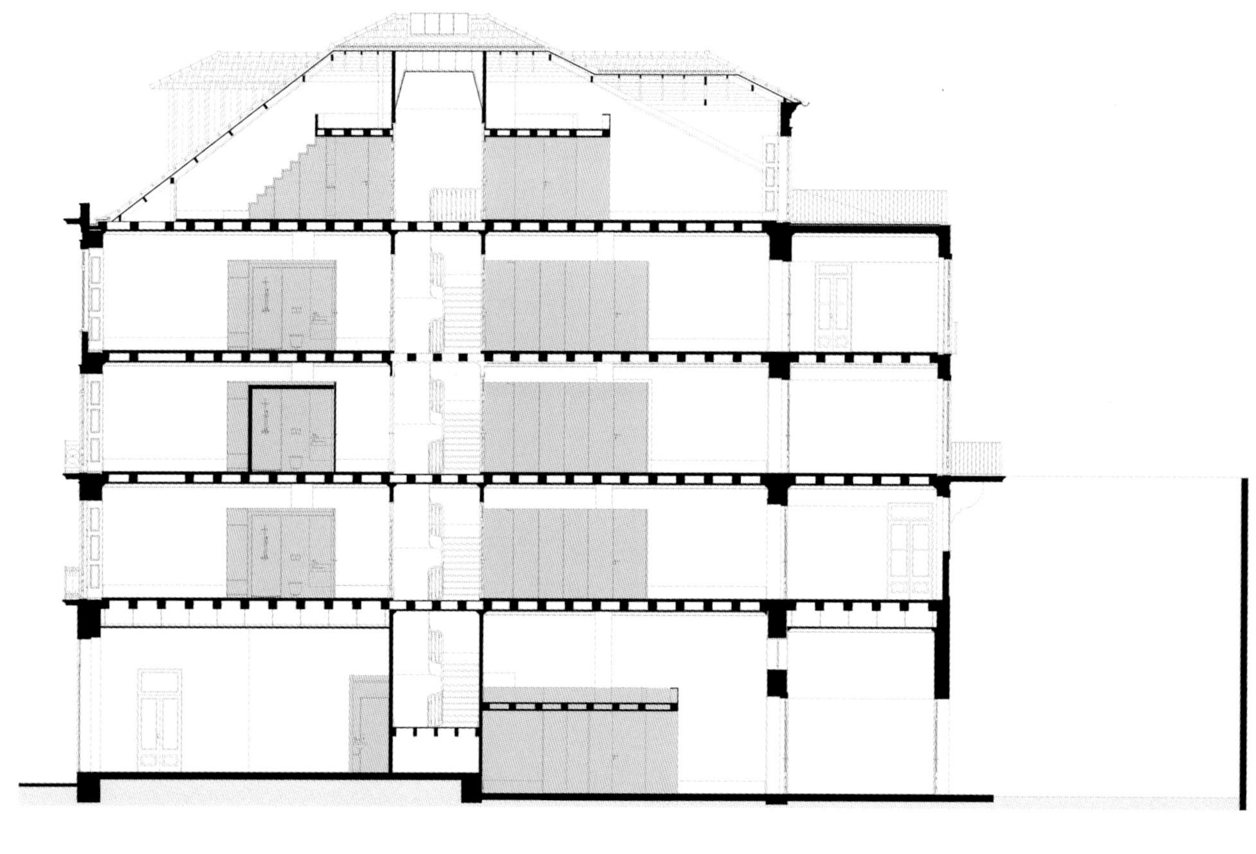

1 剖面图

2-4 楼内各套间细节

宜昌水云岚酒店
SHUIYUNLAN HOTEL YICHANG

撰　文 | 叶铮
摄　影 | 叶铮
资料提供 | HYID上海泓叶设计暨叶铮室内设计事务所

地　点	湖北省宜昌市
设计公司	HYID上海泓叶设计暨叶铮室内设计事务所
设计主创	叶铮
建筑面积	约20000m²
客房数量	200余套
项目性质	精品酒店
主要用材	科定木、达尼罗涂料、保龙编织毯、各类玻璃、陶瓷、雅士白大理石、奈博面料
设计组员	熊锋、蔡斌、覃璐
设计日期	2015年1月~2015年6月
竣工日期	2016年5月

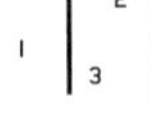

1 咖啡厅
2 大堂
3 咖啡厅草图

本案的设计便从“水云岚”名字的意象开始，从两岸江色清冽湿润的冷灰色空气开始，着手追踪冷灰清淡的画境。于是，灰蓝色系的空间基调，渐渐融入到水云岚酒店的设计概念中，旨在体现天水相融，苍茫多愁的优雅之美。

而白色透明渐变玻璃的使用，又突显出酒店内部空间，如江面般腾现出烟波仙雾的自然意境，并配以原木本色和粗糙凝重的特殊墙面涂料及环保波纹般的编织地毯，在空间关系中共同建构出整体内部环境的材质感觉，其组合效果追求自然秩序的抽象化重构，再现天、水、云、地的构成。

在空间处理上，由于该酒店座落于江岸旁十字街口转角处，因而成角倾斜的空间造型成为贯通整体“L”型建筑空间的选择，继而采用斜向平行线的空间延展来组织地坪构图。如此，既使室内设计顺应了原建筑空间的秩序感与延伸性，更以抽象化的表现形式，提炼出江水排浪拍岸的自然韵律，同时伴随着成角块面的有机切入，进一步丰富了室内空间的层次关系。这一造型语言的表达，从首层大堂一直被延用至十六层酒店客房层。

对来自长江意念化的表达，自始是本次设计的核心。设计综合运用了不同的造型因素，象征性地营造出酒店特有的场所气息，以隐喻化手法，融入到约二万余平方米的室内设计中，并在不同时间段的光线条件下，通过材质于空间不同位置的介入，构成了光线、色泽、肌理等因素的迷人组合，最终使整体酒店弥散出一种特有的空间气息与自然诗意，犹如江水混沌中洗练而出的谦谦君子，低调而又优雅。

五月，水云岚酒店正式开张，在宜昌城。无论是从设计观念，抑或经营管理，在当地也算是开酒店先河之风气了。

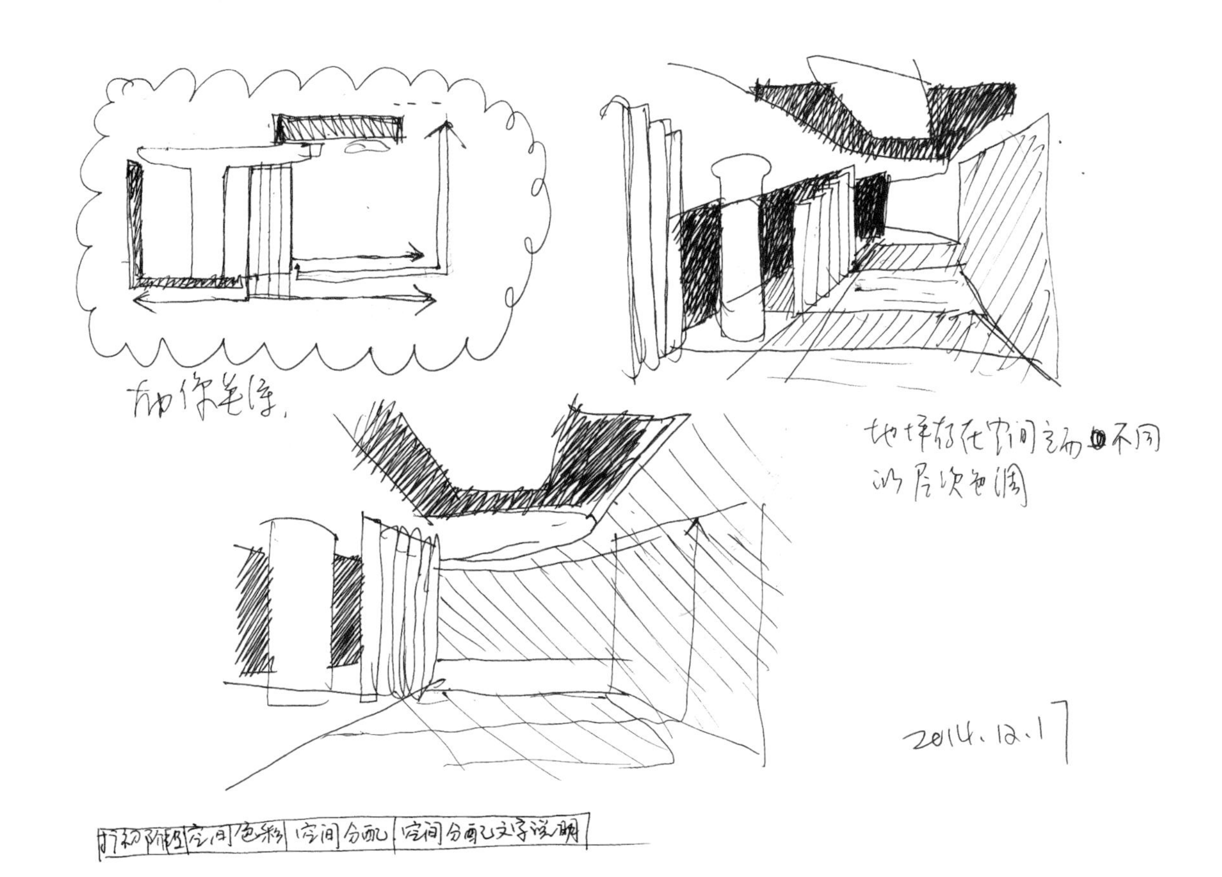

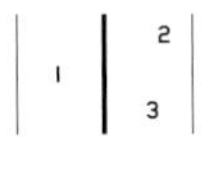

1.3 餐厅

2 空间关系草图

1	4
2 3	5

1 咖啡书吧兼商务中心

2 客房层走道

3 咖啡厅

4 六层平面

5 套房主卧

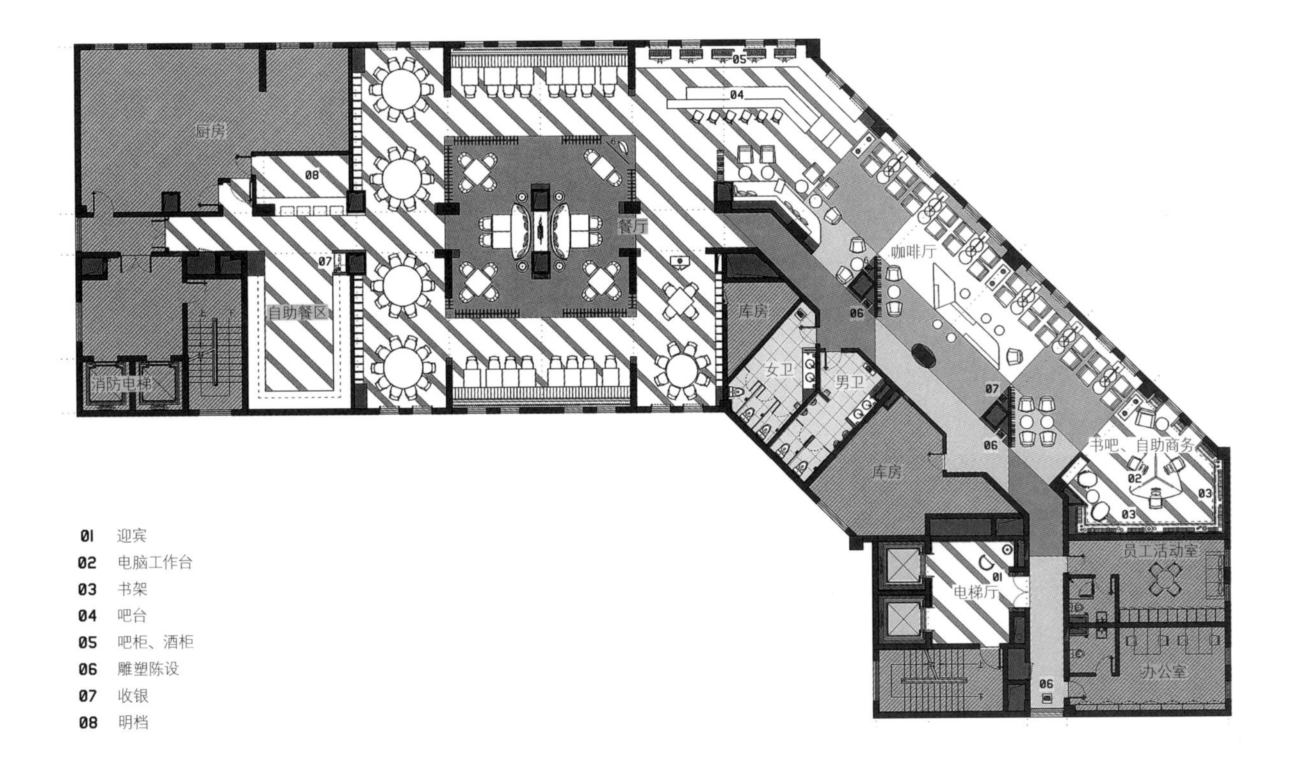
厨房
08
07
自助餐区
消防电梯
餐厅
05
04
咖啡厅
库房
06
女卫
男卫
07
06
书吧、自助商务
02
03
03
库房
员工活动室
01
电梯厅
06
办公室
01 迎宾
02 电脑工作台
03 书架
04 吧台
05 吧柜、酒柜
06 雕塑陈设
07 收银
08 明档

昆明索菲特酒店
SOFITEL KUNMING HOTEL

撰　　文 | 春分
资料提供 | 昆明索菲特酒店

地　　点 | 云南省昆明市西山区环城南路777号
建筑设计 | 华东建筑设计研究总院
室内设计 | 柯莱福国际联合设计有限公司
竣工时间 | 2015年

1.2 大堂

在高楼林立的大都市里，每天都会淹没在人头攒动的地铁、公交或者拥挤的马路，偶尔换一个角度来看一座城，心境也会随之改变。那些不断刷新标高的城市最高建筑则成为了都市人的新欢，那无敌的视野确实给人以俯瞰天外景象的别样感受。新近开业的昆明索菲特酒店就是这样一个所在，酒店坐落在昆明目前的最高建筑中。在这里，可以静静俯瞰脚下的城市、优美的山景以及湖泊。

与其说这是一家索菲特酒店，我觉得还不如用“Sofitel So”来定义更为妥当。在索菲特的众多品牌线中，“Sofitel So”是个以主打将创新设计与顶级优质服务糅合的系列。昆明索菲特确实秉承了这个系列的设计气质，其鲜明的特色令人不得不对其留下深刻印象。

雅高酒店集团大中华区首席运营官莫力(Michel Molliet)表示：“酒店以典雅的法式待客之道融合了云南色彩缤纷的民族传统，优越的地理位置和全景视野亦为酒店增添了额外的吸引力。昆明索菲特大酒店恭迎来自各方的商务和休闲客人，融合了纯正法式优雅与本地特色的酒店，将是寻求世界级待客之道酒店服务客人的理想之选。”

大堂秉承了雅高集团温馨而优雅的装饰格调，飘舞的红色彩带雕塑宛如哪吒的混天绫，从前台拔地而起贯穿整个大堂中心区域。法国艺术的浪漫与想象不失时机地穿插进来，通过细节展现糅合进现代的设计中。而位于49楼的锦厨国际餐厅以及50楼的时尚巴黎式酒廊悦吧则都是能欣赏昆明天际线的好去处。

其实，在这类城市酒店中，客房是最能感受其温度的地方。昆明索菲特从27楼起为客房区域，40层以上为行政楼层，400间客房均坐拥城市美景。客房的设计处处充满惊喜，客房的独特设计从象征云南傣族的美丽孔雀汲取灵感，如床头台灯上的装饰元素以及与之呼应的还有电视柜的把手均傣风十足。这样的设计让酒店不再是一家普通的商务酒店，更添了一丝度假般的轻松。房内的红色双人沙发一下子就抓住人们的眼球，令人想到了大堂里的混天绫。红色是法国激情的代表色，也是索菲特骨子里最能运用好的色彩的。客房内满布手工制作的皮革墙面，以及顶棚刻意的弧线形设计，有着非同一般酒店的别致，无疑在昆明市中心打造出了只有“索菲特”才能完美展示的巴黎风情。END

1.2 锦厨国际餐厅

3 悦吧入口

4-6 客房

韩国首尔雪花秀旗舰店 / 零售
SULWHASOO FLAGSHIP STORE / RETAIL, SEOUL, KOREA

摄　影	Pedro Pegenaute
资料提供	如恩设计研究室

地　点	韩国首尔江南区新沙洞650号
设　计	如恩设计研究室
设计时间	2014年11月~2016年3月
改建面积	1949m^2

1.2 黄铜立体网格贯穿室内外

3 外立面

灯笼的字面及象征意义在整个亚洲历史中非常重要——灯笼引领着人们穿越黑暗，展现出一段旅程的起始与结束。如恩设计以灯笼为设计灵感，改造了首尔江南区一座5层高的大楼，为风靡亚洲的护肤品牌雪花秀打造全球首家旗舰店。该大楼始建于2003年，由韩国建筑师承孝相设计。为了发扬品牌的历史，如恩的设计概念强调了雪花秀品牌与亚洲文化传统的紧密联系，让顾客在空间中感受品牌理念所蕴含的东方智慧。

设计概念归纳为三点，贯穿项目始终——个性、旅程与记忆。如恩希望能够创造一个极具吸引力的空间来满足顾客的所有感官，将空间的体验打造成为一个层次丰富、值得无限回味的旅程。最终呈现出的效果完美表达出了灯笼的概念：贯穿室内外的黄铜立体网格结构将店铺的各个空间串联在一起，引导着顾客逐个探索店铺的每一个角落。

人们可以通过建筑内的一系列空间和开口充分体验结构的变化。在以木元素为主的室内景观中置入由镜面包裹的结构，制造并增强了无限延伸的空间感。精细优雅的黄铜结构与实木地板的厚重相得益彰，木元素有时向上抬起，内部嵌入石块，形成木质展示柜，雪花秀的产品被精心地陈列在展示柜上。作为主要的引导方式，灯笼状的结构同时也悬挂了如恩为雪花秀定制设计的光源，勾勒出优美的展示空间，并将目光聚焦在陈列的产品上。

不同楼层的空间为顾客带来不同的体验。位于地下室的SPA空间采用暗色的墙砖，土灰色石材以及暖色木地板营造出亲切的庇护感。向上移动，材料的用色变得更加明朗开阔，绘写出友好舒适的空间。人们将在屋顶的露台结束这段空间的旅程，自由延展的黄铜网格装置将周围的城市景观框定成为空间的一部分，营造极致的视觉体验。整段旅程糅合了诸多的对立元素：围合与开放、明与暗、精细与厚重。从空间的营造到灯光的处理，再到陈列和标识设计，每一个细节都体现了灯笼的概念——让顾客在置身于此的每时每刻都能够感受到神秘和惊喜，激发探索的欲望，怀着热情和愉悦的心情感受每一寸空间和每一个产品。END

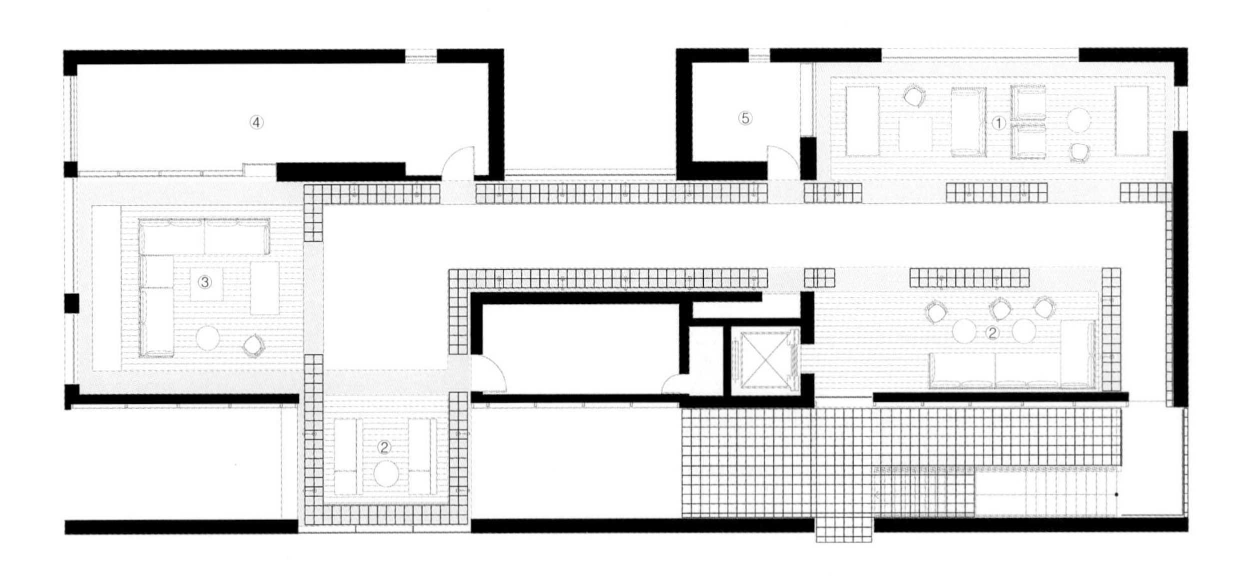

0 0.5 1 5 m

① 城市景观 Lounge
② 街景 Lounge
③ 公园景观 Lounge
④ BOH
⑤ 储物

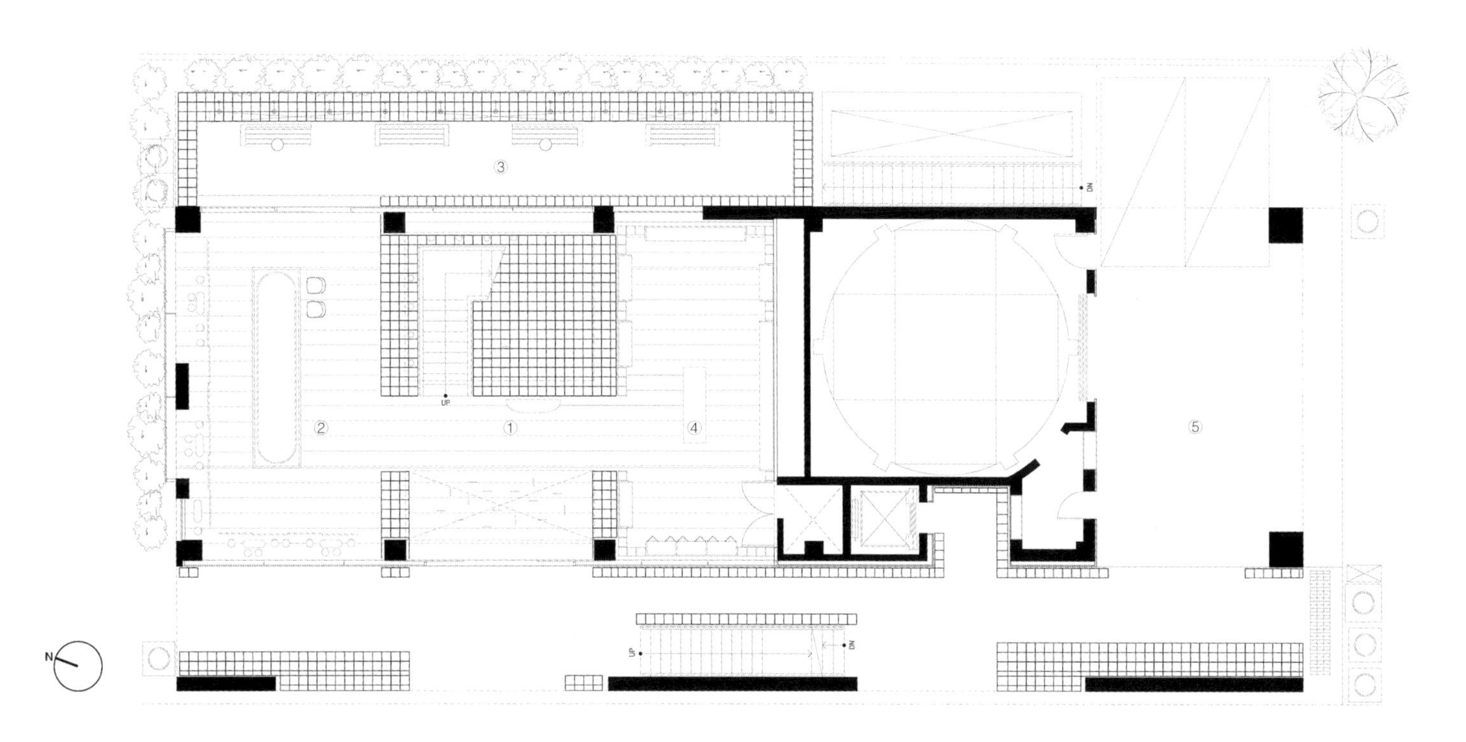

① 入口大厅
② 季节性产品展示
③ 户外平台
④ 品牌历史区
⑤ 车辆入口

1	3
2	4

1 一楼全要用于展示品牌哲学和历史故事

2 屋顶平面

3 一层平面

4 产品展示与销售区域

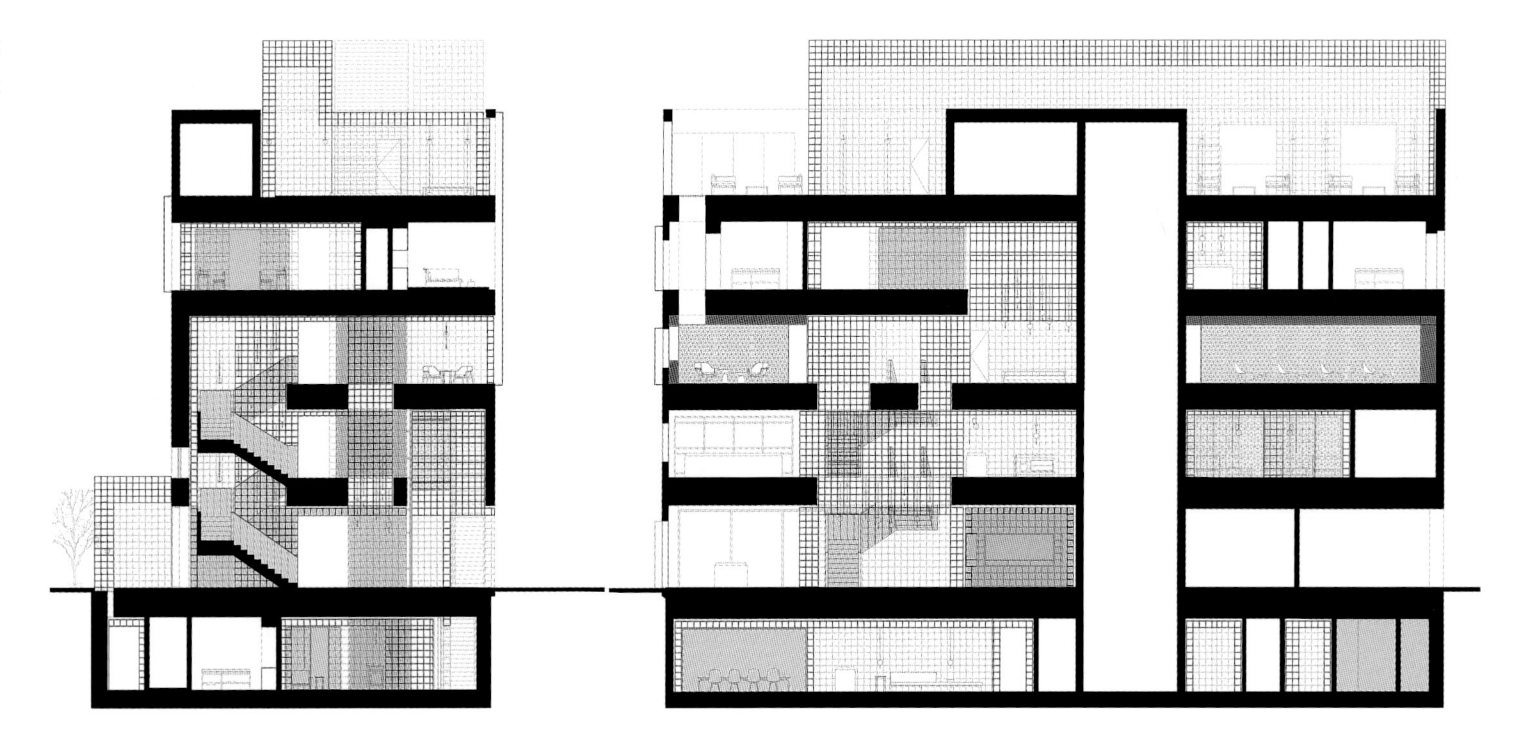

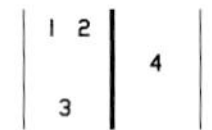

1.2　剖面图

3　黄铜网络局部

4　精细优雅的黄铜结构与实木地板的厚重相得益彰

深圳爱波比国际幼儿园

IBOBI INTERNATIONAL KINDERGARTEN

摄　　影 | 何远声、圆道设计
资料提供 | 圆道设计

地　　点	深圳
设计公司	圆道设计
设计团队	周婵、贾梦灿、程枫祺
面　　积	630m^2
竣工时间	2015年

1 图书馆
2 从室外活动区看向内部
3 视艺区

新时代的儿童教育该是什么样子？这个疑问是近年国内的儿童教育领域人士一直在思考的问题。对于这个高速发展的时代，儿童的教育已经不仅仅是单纯的知识教学或娱乐，而应该是更科学地培养儿童对于这个世界的感知，从而有效开发儿童的心智潜能。故而，设计师对于儿童教育空间的设计理念也必须与时俱进。

爱波比国际幼儿园项目的建筑面积其实并不大，为了能兼顾空间感与功能性的双重要求，在设计过程中，设计师对尺度的规划做了大量研究。比如大角度倾斜的墙面，一方面"偷"出了空间，而另一方面又制造出了非常简洁却有趣的空间体验。另外在多个空间内都使用了玻璃元素，这不仅有效地加强了空间感，也使得儿童与家长、与老师之间的观察和互动变得更加容易、自然。此外，简单不规则的线条，以及大量木材在内部空间的使用，更让整体空间营造出温暖且安全的氛围感受。

该项目位于深圳蛇口鲸山别墅区内，环境优美，绿化率高。为了形成楼体与周边环境的和谐关系，同时也是为了给孩子创造出更亲近大自然的成长环境，设计师对建材的选用亦十分谨慎，主要使用的是经过环保木蜡油处理的木材。另外，为了使室内的人亦能充分感受到阳光及户外的美丽景色，每个空间对于窗的使用都进行了反复的研究，并着重考虑了儿童的视野及安全。同时，为了使室内与户外之间的关系能更好地结合，设计师在特定的位置选用了全封闭式的落地玻璃，既保障了安全，也满足了孩子们对外界的好奇心，使得他们能够观察且学习到不同天气以及植物在四季之间的变化。

互动教学系统是该项目的重要环节，设计师对内部墙面作规划性的留白，以供多媒体投影教学。其中还需要考虑到光线对投影的影响，儿童与投影墙之间的距离，以及对活动空间的尺度把控。此外，为了锻炼儿童身体平衡的感知力，设计师在室内地面材料的选择上也十分细心，在确保符合儿童安全的同时，选择了柔软度能够锻炼孩子们平衡力的地胶。幼儿园内还有些小斜坡的设计，意图让孩子们在活动时其身体感知能得到全面的发展。

抛开了传统中儿童空间惯用的纯感性象征，在爱波比国际幼儿园项目里，设计师进行了一次将理性糅杂入感性的探讨与尝试，丰富了现代儿童教育场所的设计思路，旨在为更多孩子创造出一种集合教育、科技、艺术、互动为一体的、多感知的成长环境。END

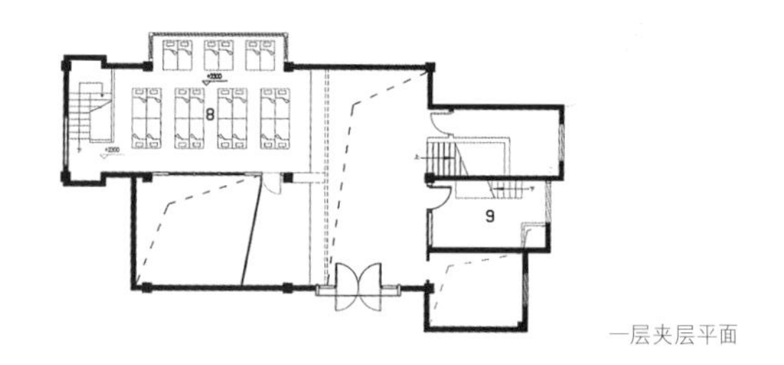

一层夹层平面

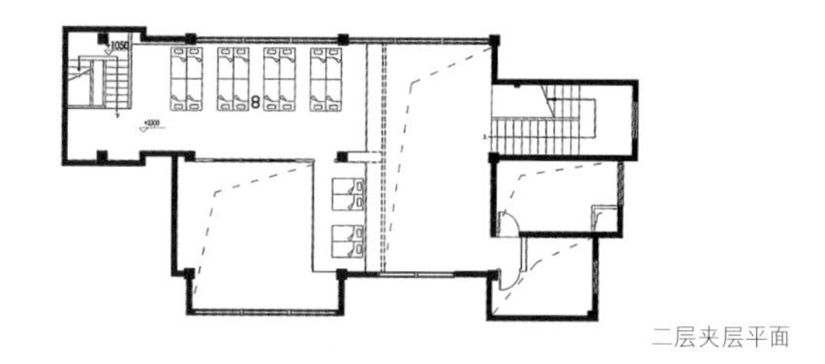

二层夹层平面

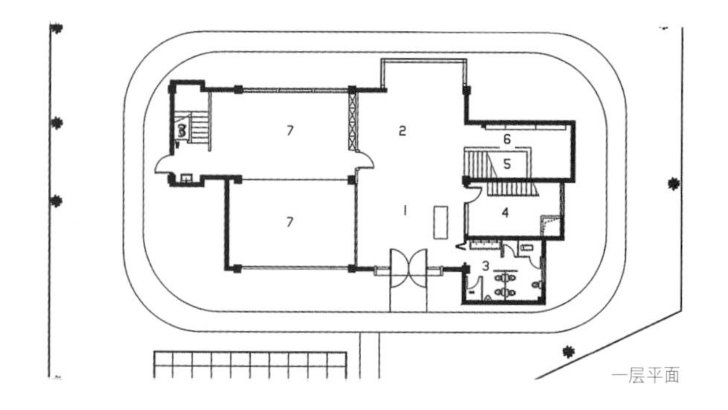

一层平面

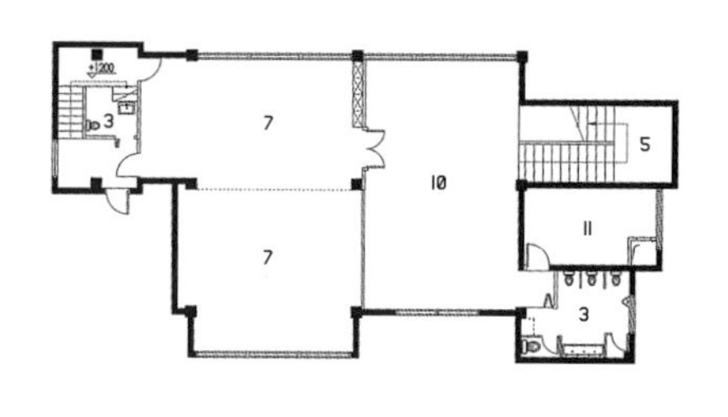

二层平面

1 门厅
2 建构区
3 洗手间
4 办公室
5 楼梯间
6 换鞋区
7 教室
8 睡房
9 资料室
10 视艺区
11 茶水间
12 图书区

1 平面图
2 图书馆
3.4 教学区

Hair Music 发型屋

HAIR MUSIC SALON

撰　　文 | 栗绯
摄　　影 | 张骑麟
资料提供 | 重庆尚壹扬设计

地　　点 | 重庆渝北
面　　积 | 约400m^2
设计公司 | 重庆尚壹扬设计
设 计 师 | 谢柯、支鸿鑫、许开庆、张久洲
陈设设计师 | 谭税、徐斌、郑亚佳、姚丽娟
主要用材 | 松木实木、水磨石、黑钢

1 自然光与灯光相结合

2 Hair Music 入口

3 从入口看向接待处

“HAIR MUSIC”发型屋选址在一处小区住宅的一层带花园及两层地下室。从商业区迁到住宅区，店主希望自己的这家小店能带给客人更多清新舒适的感受。

为满足店主的需求，设计师在打造这处空间时，摒弃了繁复华丽的装饰性元素，力求在简洁明快中表现出空间的本质之美。

设计师的这些思考，可以说，非常直观地体现在小店内的选材上。浅色木饰板特有的温暖质感，中和了黑色金属与清水混凝土两相组合而生出的冷峻与严肃，使空间更符合住区内自然而然的温馨氛围。用材虽简，但木材之暖、金属之寒与混凝土之灰，相互映衬之余，不断变换着组合，在空间内形成一幕幕生动鲜活的场景。而空间内反复重现的直线、矩形元素，也为小店更添爽朗、简练之风。

空间内的照明设计也颇值一提。微带一丝暖黄色的灯光，温馨且不夸张，与从一层花园内倾泻而下的自然光相配合，消解了一般地下室阴暗压抑的固有形象。灯型选择亦十分丰富，射灯、吊灯、壁灯，一应俱全，满足发型店的不同需求。

同时，在店内亦多处可见绿植。几条清植，几簇嫩叶，清雅中又不失活泼，不仅与花园中的葱茏绿意相映成趣，更为小店带来了源源的生命力。END

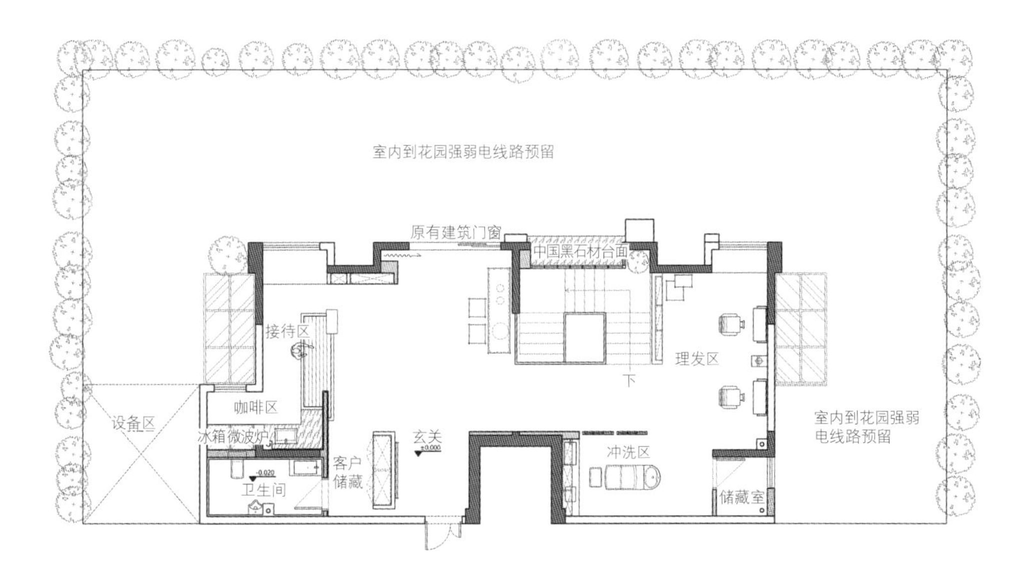

1 空间内以绿植作为点缀

2 楼梯

3 空间内灯型选择丰富

4 一层平面

5 二层空间一角

无锡时尚造型
WUXI FASHION SALON

资料提供 | 上瑞元筑设计顾问有限公司

项目地址 | 江苏无锡中山路313号八佰伴商圈
营业面积 | 450m²
设　　计 | 孙黎明、耿顺峰、徐小安
主要用材 | 六角黑白马赛克、不锈钢造型板、电镀古铜不锈钢、实木复合地板、喷塑铁板
竣工时间 | 2015年5月

1 | 2 3 | 4

1　剪发大厅、休闲水吧

2　入口楼梯

3　VIP 洗发区

4　接待区

依托于项目独立品牌的个性定位及独特的中心商业区位，设计师以“巧取”掀起话题并招揽目光，设计定位为 LOFT 朋克风潮牌的演绎，以期在美容美发商业空间内描绘出特有的情景故事。而且精心铺展的场景带来目不暇接的视觉体验，也让宾客在享用与绮想中感受真实与想象之交汇。

专业定制的梳妆镜，运用金属，皮革及 LED 照明等具有工艺感的“吸睛”要素，通过镜面反射使空间更加梦幻迷离；精选的朋克文化大幅海报，辅以透光装饰艺术墙面，通过影像处理更加烘托出空间的神秘氛围。

“建构”的语汇贯穿整个公共空间，金属构件穿梭游离于公共美发区域，各场域紧密串联，使整个风格显得统一而洗练。在简单利落的空间格局中，仅以不同地坪材质配置作为区分，打造出流畅动线。明亮的剪发区和幽暗的洗发区，利用黑白六角磁砖马赛克嵌入 12 星座金属图案纹样加以区分，更加突显出功能的各自空间属性及层次，彰显新颖、细腻及朋克艺术气息。顺势步入 VIP 区通过定制的装饰码钉窗帘隔断，使得饶有趣致的空间更为灵动、静谧且尊贵，给宾客们定制出别样的空间场景以探索漫游。END

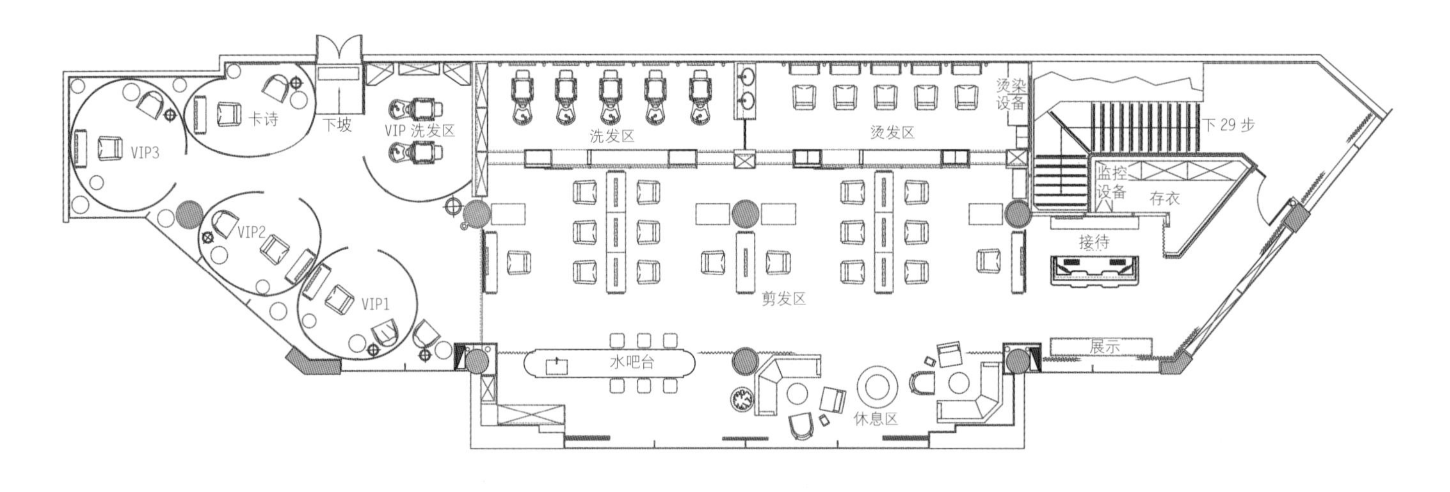

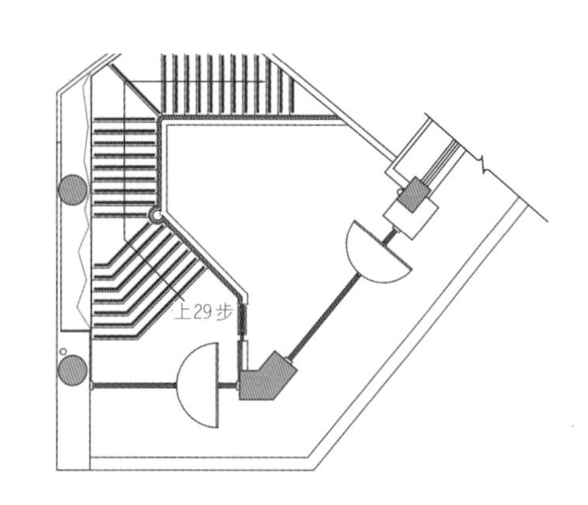

1 2 3	4

1 时尚造型平面布置图

2 入口楼梯平面布置图

3 剪发区

4 烫发区

合润天香茶馆
HETEA

摄　　影	王荣
资料提供	上海倍艺设计机构

地　　点	上海柳州路928号
项目面积	260m²
设计公司	上海倍艺设计机构
设 计 师	陆洪伟、王荣、曾昭炎
主要材料	老木板、天然树枝、烤漆金属
竣工时间	2015年10月

1 茶品饮体验区
2 从茶馆入口看向内部
3 以枝条作为装饰

在写字楼林立的商务区，各色咖啡馆、轻食店可说是让人眼花缭乱。然而，在上海柳州路的一幢写字楼里却飘出了一缕缕茶香。寻香而探，即可见隐在大楼里的合润天香茶馆。茶，既是自然之物，亦是中国的文化符号。设计一处茶馆，不仅仅是对茶空间的理解与诠释，更是对中国茶文化的表达与发扬。故而，在设计合润天香茶馆时，设计师也有自己独特的想法，他们不希望它只是一间销售茶叶的茶店，也不把它限定为传统意义上的茶馆。设计师想打造的是一家属于写字楼的茶馆，一处“办公室里的会客厅”，这样的定位既打破了过于同质化的市场之局限，又拓宽了目标消费群体。

设计师承袭中国传统布局模式，将三层空间划分为“三厅十二房”，从前厅、中厅到内厅，继而再到包房，这一系列空间的转变也暗含着功能上的变化。茶馆一楼空间属性较为开放，主要可分为茶品售卖、服务、茶品饮体验及操作四个功能区，而二三楼则更为私密，设置有十二处小而独立的品饮空间。这十二间小包房的名字亦别有雅趣，出自南宋审安老人的《茶具图赞》中十二件茶具的官名，分别为：陶宝文、胡员外、金法曹、宗从事、罗枢密、漆雕密阁、汤提点、后转运、韦鸿胪、木特制、司职方、竺副师。

茶之美在于自然，在材料选择上，设计师亦看重材料的自然质感。在茶馆内部，能发现老旧木板、植物、竹帘、植物、枝条等元素的反复重现。然而，烤漆金属的使用也带来了一丝现代感，形成了充满趣味的对比。而茶馆的外立面也与其内部设计相呼应，依附在写字楼的玻璃幕墙之上，选用了栅格通透条屏、竹帘及自然植物为装饰，既未破坏大楼的整体观感，亦不失中国传统茶文化的气韵。

茶馆的灯光设计亦值一提。通常而言，销售型的茶店为了突显产品，一般会选择照度较高的灯具；而传统意义上喝茶的茶馆，为了让顾客更觉舒适雅致，在灯光选择上会偏向于幽暗。合润天香茶馆兼具茶店及茶馆两项功能，设计师首先在照度选择上综合了两者的照度值，通过多种形式的间接照明来避免灯光对体验者造成的不适。同时，设计师在二三楼的包房内也提供了两种不同照度的照明模式，以满足消费者喝茶、阅读、洽谈、会议等各种需求。END

柒
V7

1 茶品饮体验区

2 包房入口

3 茶具展示

4-6 包房内部

西湖边的 V+ Lounge

V+ LOUNGE ALONGSIDE THE WEST LAKE

资料提供 | 华夫设计、零壹城市建筑事务所

地　　点 | 杭州
室内设计 | 华夫设计 + 零壹城市建筑事务所
设计团队（华夫设计） | 王令尘(Oscar Wang)、温斌(Evan Wen)、宓安裕、张云龙
设计团队（零壹城市） | 阮昊、何昱楼、来震宇、张秋艳、吴淼、许维卓、徐婧、罗晶中
面　　积 | 2 779m²
竣工时间 | 2015年

1 走廊

2 东北视角

杭州 V+ Lounge 是著名品牌 V+ 继北京、成都后国内的第三家分店，由华夫设计 (Studio Waffles) 和零壹城市建筑事务所 (LYCS Architecture) 共同完成其室内空间设计。项目地处西湖旁最为繁华的核心商业区域——东坡路平海路口的西南角，三层以上便可远眺湖景，离苹果亚洲最大的旗舰店不足 100m。项目独特的地理位置传递出关于湖水的灵感，设计团队通过对曲线、镜面与光线的运用，将水下、水面、水上的不同感官体验融入进室内空间。

一层大堂利用层高较高的优势，运用较为整体的墙面设计，将若隐若现的几何分割光线穿插于其中，空间开敞、大气。细腻考究的材质暗示了整个项目低调、奢华的空间属性。三层是综合性酒吧，设置了多种类型的吧台，以满足不同顾客的需求。休息区正中间耸立着黑白大理石拼接的巨大 V+Lounge，Logo 图案在不同的视角下会产生不同的变化。大理石墙面经过点光源的反射，将层高的优势通过戏剧化的材质表现方式进行解构和重组。

酒吧着重营造水下空间的氛围。设计师使用透明的水纹玻璃作为墙面，顶部设置了射灯和漫反射灯光，利用空间的纵深优势，打造了一个虚实相交的水下吧，在变换的灯光下，柔和地呈现四季交替的景象。设计师在 KTV 部分的设计上突破了传统模式，创新性地将西湖之景引入室内。五层空间融入了湖底漫游的概念，包间与走廊的墙面采用了镜面加流线型的灰色墙体来表现深入湖底的水下世界。走廊界面极其简洁，光藏匿于镜面玻璃后和曲线墙体竖向切片的缝隙中，西湖的远景在这片暗色的涟漪中格外鲜亮。流线墙体过渡自然，将包间与走廊有机地结合在一起。包间内设置独特的飘板沙发，各式经典沙发置于薄板之上，漂浮在大包间中，降低了传统沙发厚重的感觉，在视觉上更加的通透。六层空间引入了无限西湖的概念，空间内沿用了白色的流线型墙体，并与镜面材料无缝连接，纯净而明快。整个空间简约而动感，宛如西湖水面一叶扁舟划过后留下的优美曲线。夹在水波之中的廊道运用高反射材料，将西湖美景延伸进室内空间，与室内顶棚映射出的美景形成鲜明的反差。廊道周围散射灯的带型可变色光源，呈现波光的柔美感觉，使人宛如身处湖底。六层的包间对单一的空间进行了分割，以立柱或沙发等结构将一个全封闭空间转化成两个半封闭空间。包间内地面为精密抛光处理的黑色反射材质。一幅水下摄影为主题的壁画赋予墙面“水”的波澜之感，电视背景墙以吸声性能极好的羊毛毡贴装，在全镜面的空间中以深沉的颜色增加墙体质感。

为了将西湖的景观价值最大化，V+ 包间更是采取了一种内外呼应的设计方式。室内使用了大量的落地玻璃，并且部分区域内的顶面和地面加入了光滑的镜面，通过反射能将西湖的美景引入室内，使用户在自然景观的环抱下享受歌唱的乐趣。七层与八层是专属于 V+Lounge VIP 的独享空间，设计语言与其他空间相统一，但却更为尊贵与奢华。沿西湖面的两层空间部分被上下打通，形成一个中空的空间，既交相呼应又独立分隔，并将水的语汇元素用现代的方式展示在空间中。为体现湖面轻盈的光影和富有微妙细腻的动感，七层整体空间采用了厚重精致的材料，从而体现出水面的斑驳之感。吧台区域的设计以玻璃和金属材质为主，结合穿插于玻璃中间的灯光，营造出一个发光的宝石的效果。使得整体吧台成为一个视觉焦点。

在散客区，椭圆形片状物包裹柱体，可以在合适的高度形成桌面，带来独特的餐饮体验。沿窗的区域设置了可灵活组合的桌椅，中性的暗色调空间更加凸显出窗外抢眼的西湖夜景。八层整体空间延续七层的材质对比的做法，但在空间造型上使用具有序列感且对称的线条元素，以区别于七层的自由排列的几何线条。在 VIP 室内，顶棚由银白色的金属插片与质感较为厚重的混凝土组成，强调了材料的厚重与轻盈、多元与整体。地面部分选用暗色调的石材结合金属线条拼接。厚重的暗色调材质更能够凸显出银白色金属插片的轻盈感。雪茄房在空间上同样延续序列、对称感的造型元素，局部添加细节变化，并配合以细腻、紧致的灯光，打造出具有微妙变化的空间。END

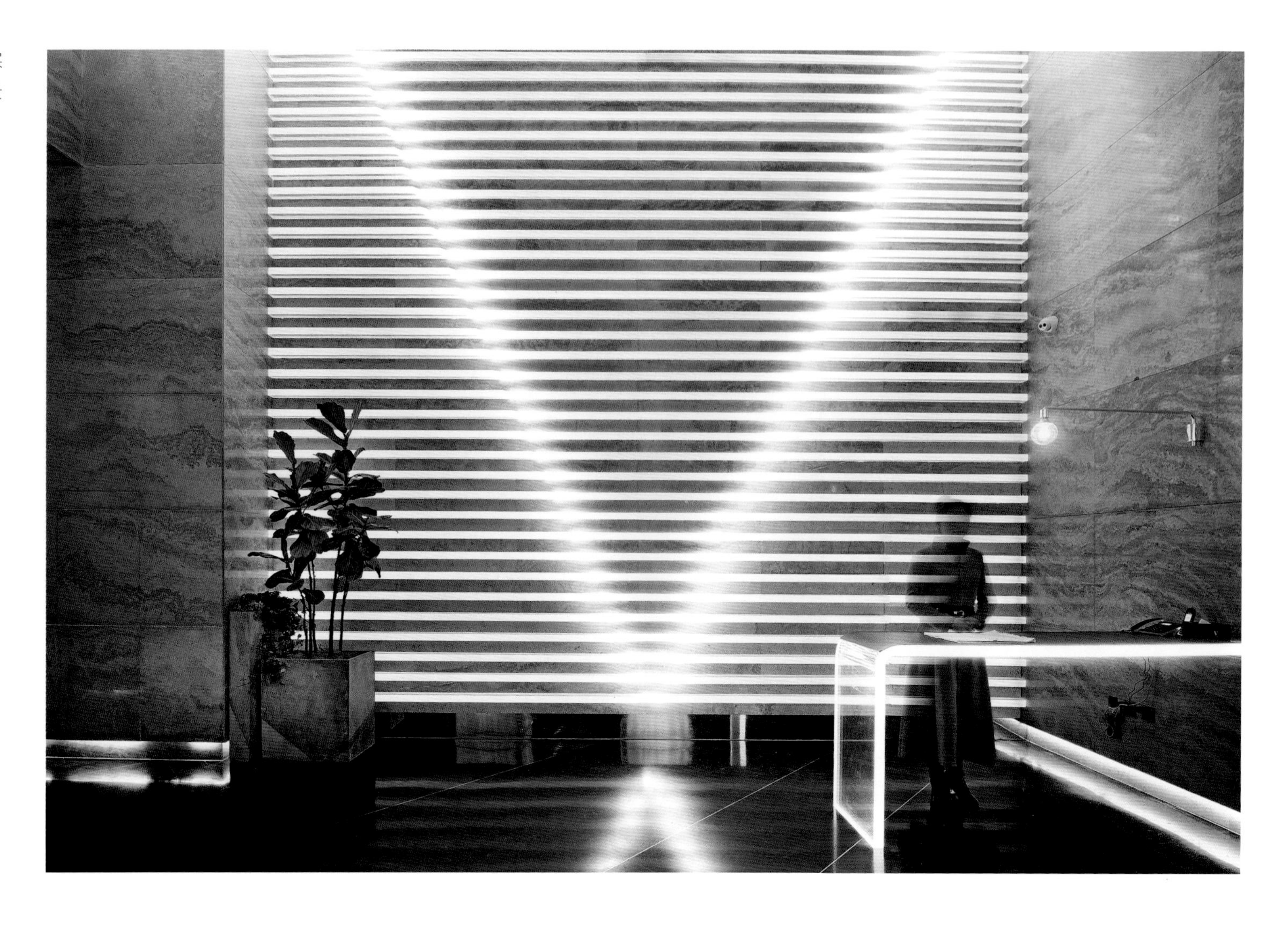

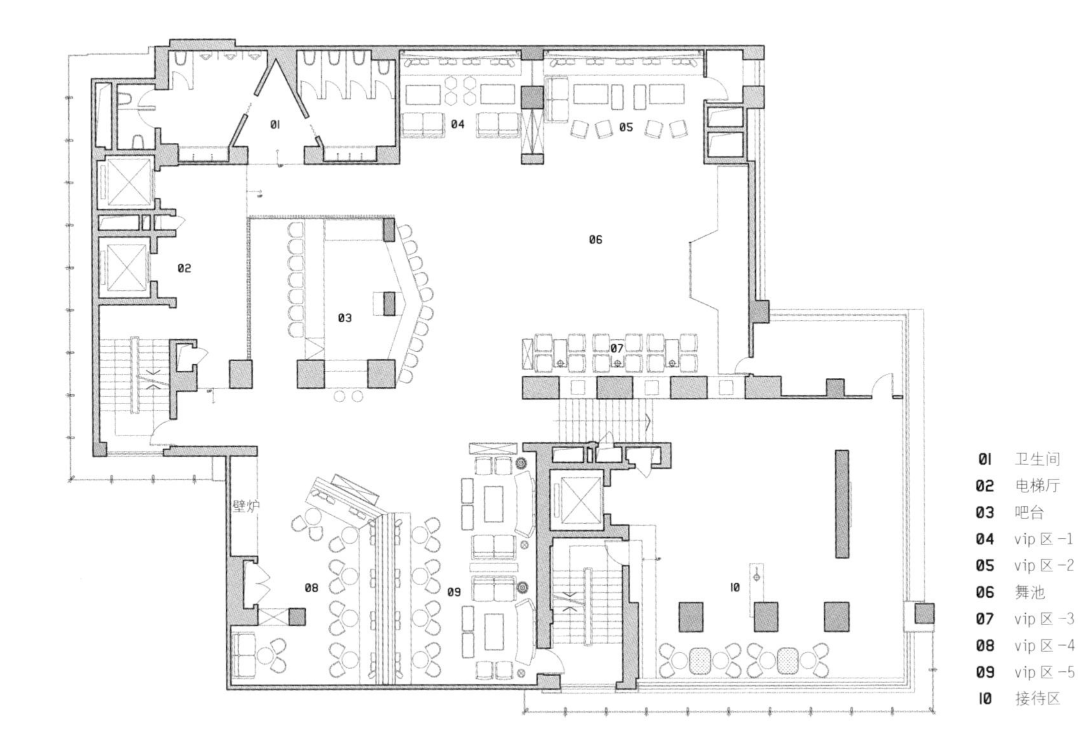

01 卫生间
02 电梯厅
03 吧台
04 vip 区 -1
05 vip 区 -2
06 舞池
07 vip 区 -3
08 vip 区 -4
09 vip 区 -5
10 接待区

1 入口
2 接待区
3.5 酒吧区
4 三层平面

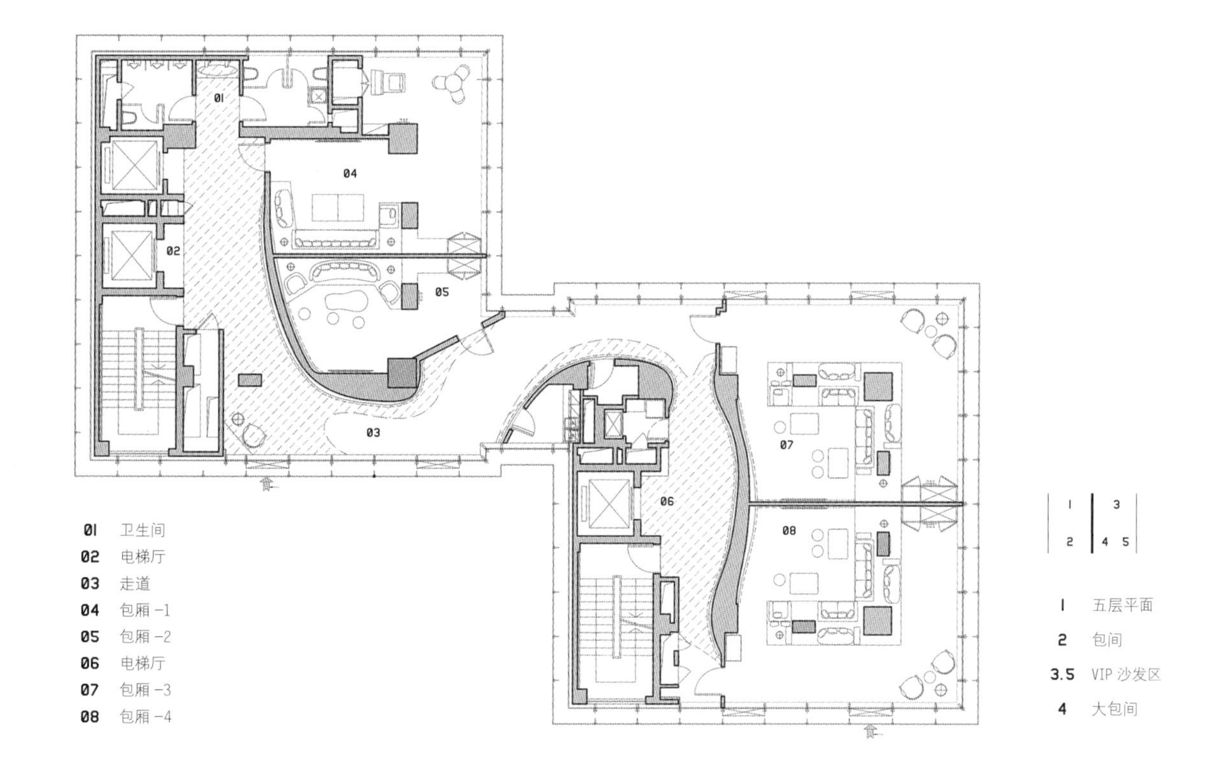

01 卫生间
02 电梯厅
03 走道
04 包厢 -1
05 包厢 -2
06 电梯厅
07 包厢 -3
08 包厢 -4

1 五层平面
2 包间
3.5 VIP 沙发区
4 大包间

金木之和，本心极简

撰　文　夏至
摄　影　Dante、陈儒东（幻枫影像）
资料提供　LIVIN' 利物因设计家具

1 书桌

2 黑铁系列展示

无论是混凝土之于柯布西耶，还是纸之于坂茂，材料不仅显示出建筑师的语言偏好，也是其建造哲学的具体呈现。就如比利时 Graux & Baeyens 建筑事务所将木材与钢铁结合的作品，在当代建筑体系中并不少见；此外，如同 Studio David Thulstrup 建筑团队设计的位于哥本哈根的项目，其在室内空间中金属与实木的完美结合案例亦比比皆是……

在此类作品为杂志、手机程式频频曝光同时，我们也在思考这种建筑语言对于我们今天生活的意义。因为不仅在建筑与室内领域，金属与实木的组合使用在家具设计领域，亦早有完美演绎。如波兰的 Rzemiosło Architektoniczne 设计团队，他们所设计的扶手椅将木和金属进行了完美贴合，接触人体肌肤部分的扶手采用了实木，而结构部分利用了金属型体；而设计师 Grégoire de Lafforest 则将戏剧性融入到家具设计之中，并将钢材与木质的关系理解为“分离”、“围绕”的模式。他形象地比喻自己的作品是无脊椎动物，木质部分是无脊椎动物的“肉”，而围绕其外的钢材，则构成对无脊椎动物保护的“壳”。

国内近年的独立设计家具品牌亦令人瞩目，并有不少品牌尝试使用多种材质制作家具：树脂、石材、皮革，不胜其数。而其中，“金属＋实木”结合的家具，则恰好介于冷峻与温润，刚性与柔性之间。LIVIN' 利物因设计家具品牌从一件金属加实木的五斗柜展开了“黑铁系列”近 10 件家具产品的设计。LIVIN' 利物因家具品牌由一位国内室内建筑设计杂志主编与一位室内设计师联合创办，意在打造一个开放性的设计师家具品牌，并邀请国内外家具设计师、建筑师、室内设计师或其他设计从业者、艺术家联合设计打造不同风格与不同材质的家具产品。

实木制作家具，需遵循木的天然属性，而不同木材又各有不同的特质。在制作好的家具中，木材获得了重生，踏上第二次生命的旅程，并会随温度、湿度呈现涨缩变化。相较于木材，金属则更易于塑形，体量纤薄却具有极强的承载力。虽然中国常用坚硬的木材制作经久耐用的家具，可毕竟红木、紫檀、铁梨木等品类稀有昂贵，不易普及。而设立 LIVIN' 利物因家具品牌的初衷之一，就是要让更多人拥有设计合理、形态优雅的家具产品，这也成为了金属被用于家具制作的另一原因。

LIVIN' 利物因“黑铁系列”的柜体外表为实心钢材，表层采用砂钢喷塑工艺，使得金属被覆上了一层涩滞的肌理，形成深黑雾面。当室内光线直射砂钢时，磨砂质感的雾面缓冲了光线的直线反射，避免形成炫光，反而在表层映衬出俊朗的轮廓。若是触摸砂钢的雾状肌理，一种无可名状的惊喜感受如同小石投入湖中，漾出层层波纹，这正是“黯淡”之处亦藏有惊喜。而在所有接触到肌肤与存放器物、衣物的部分则为实木，回应给使用者以温润的呵护。一冷一热，赋予家具丰富审美内涵的同时，也实现了功能上的暗合。

采用金属制作家具精准体现了极简主义设计的精神。金属使得结构隐藏于形体，并同时承担了外观、重量支撑的功能。而如 LIVIN' 利物因“黑铁系列”的书架，高达 2m 的结构，全靠比例合理、四周封闭且形体纤细的实心钢条立柱支撑。因其自重足够沉稳，无须任何辅助，足以保障日常使用的安全性。

将繁复无谓的矫饰不断削减，直入本质的纯粹。LIVIN' 利物因小心拿捏木与铁的比例，这是在材质调配上的另一种考量。“黑铁系列”以极简的视觉方式为载体，旨在是让我们坦诚自身的“欲望”，并在“唤醒”自我与理性的同时，反思过度消费之“恶”。END

1 2 3	4

1 Muses 电视柜
2 Mars 五斗柜
3 黑铁系列细节
4 黑铁系列花几

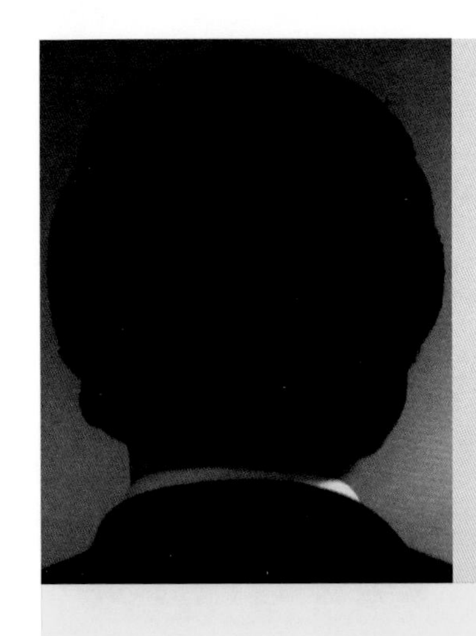

闵向

建筑师，建筑评论者。

诗就在身边，谈城市微空间复兴的意义

撰　文 | 闵向

“生活除了眼前的苟且还有诗与远方”这句名言感动无数文青。为你们这些挣扎在大都市的年轻人制造了一种幻觉，好像逃离大都市，就可以去追求一种理想的自由奔放的生活，尽管说这话的高晓松其实一直住在大都市里，偶尔出门旅游一下。

大城市看上去好像不尽如人意，因为高速发展以至于庞大到人的个体似乎不被重视，让你们产生了一种被疏离感。于是你们寄希望于逃离到远方，但远方不过是另外一种幻觉。事实上，一个没有大都市阴影的远方其实并不存在。我一直认为，身边的事搞不定，寄希望于远方，不过是一种无能的托辞，你们把眼前的波折看成苟且，但召唤你们的远方不过是你们的意淫。高晓松似乎在鼓励一种放弃，实话说，放弃身边而奔向远方，就是一种怯懦，怯懦的人不值得我花费太多时间来惋惜，怯懦的人的诗也不过是无病呻吟，不值得多咏叹。日常的生活不是苟且，而是一种修行。罗曼・罗兰说得好，有一种英雄主义，就是在洞悉了生活所有真相后，仍然执着地热爱这生活。罗曼・罗兰所谓的英雄主义才是值得你们效仿和赞叹的态度。面对日益庞大的大城市，你们需要以这种英雄主义态度投入其中。因为这几十年，大都市在经济的高速发展中创造了令人惊叹的城市奇观，但也留下了许多微空间未能精细设计，这些空间被废弃在城市中成为负面空间，有如这壮丽城市上的伤疤，不为人知地溃败。对于身在其中的市民包括你们，会感受到这些负面微空间带来的直接的沮丧，而那些令人自豪的城市奇观实在是太远了，无法平复这些近身的挫败。你们这些人啊，面对大都市，喜欢或者厌恶，都要和他相爱相杀好多年。但在日益庞大的城市里，爱和恨都变成一种单方面的行为，大城市总是他的城，而不是你的城。这个“他的城”是庞大到感受不到你的爱或者恨的，他或许偶尔会被那些细微的溃疡所短暂折磨，但城市的成长的快感也会让他暂时忘却这种痛楚。建筑师是时候从醉心于宏大叙事的幻觉中苏醒，不要总是抱怨或者吐槽这些近身的溃疡，而是要积极介入对这些溃疡的修正工作中，撸起袖子通过设计去改变这些溃疡，每个被改建的微空间都可以是你在这个城市存在过的证明。你们这些人，可以证明这大都市不是他的城，而可以是你们的城。在这细微之处已经足够展现你们一直等待施展的抱负，这才是你们的雄心壮志，在细微处惊雷。

微空间复兴的意义不仅仅在于对城市是种拯救，对你们也是一种救赎。在你们志得意满谱写城市奇观的时候，这些如同溃疡散落在城市巨大肌体上的微空间，其实是你们高歌猛进时不经意留下来的。在热血沸腾的年代，你们不觉得这个是伤害，更不会想到日后会变成溃疡，你们现在应该明白，你们在创造的同时也会伤害。而现在，正是可以治疗这些伤害的时候了。

不过在治疗这些溃疡的时候，手势要适度。你们习惯了大规模建设带来的大开大合的重手法，面对这些微空间，要克制住过度设计的欲望。孔夫子教导我们，过犹不及。所以，你们的动作要轻。先要把面对的微空间的产权和管理权厘清，从使用者和管理者的两方面去观察这个微空间，然后用建筑师的职业训练提出最简洁的处理办法，有如针灸一般激活这个空间，让它重新焕发活力，让它能够切实地为这些市民所服务，可以唤醒并凝聚周边市民的归属感。这些微空间，可以是公交车站，可以是公共厕所，可以是高架桥下，可以是垃圾桶，更可以是“三不管”的冗余地块！你们的工作就是变废为宝，让它们成为这个伟大城市肌体上闪闪发光的碎片。这些碎片是你们值得骄傲的存在，是你们在这个大都市里存在的证明。

大都市有如一部史诗，而这微空间是那史诗不可缺少的插曲，这些短小的插曲就是你们身边的短诗。既然身边有诗，何必远方？

在上海，魔都，你们，或者就是我们，这些建筑师们，一起来城市微空间复兴，创造魔都不可思议的魔幻现实主义的景象，你们就是这伟大图景的最真实的创造者。这就是城市微空间复兴的意义。END

陈卫新

设计师，诗人。现居南京。地域文化关注者。长期从事历史建筑的修缮与设计，主张以低成本的自然更新方式活化城市历史街区。

想象的怀旧——寻找巴瓦旅行随记

撰　文 | 陈卫新

几年前，朋友余平曾经提过一起去斯里兰卡看杰弗里·巴瓦的作品，可惜未能如愿同往。但对于巴瓦的项目，已经有了些了解。看事可见人，能做出那样项目的人，应该是怎样的呢。对我来说，了解一个人的兴趣似乎比解读一个项目更大。

我一直有个猜测，巴瓦应该是个安静的人，或者说是个孤独的人。也只有真正懂得安静的人才能观察到光影微妙的变化，才能触碰到无处不在的细腻的气流运动。

每个人都有自己的童年，而童年几乎可以决定未来的一切。巴瓦 1919 年出生，当时斯里兰卡还被称为锡兰，是英国的殖民地，斯里兰卡的房子也大多有殖民统治的背景。到达巴瓦居住的房子，发现早到了十几分钟。但约定时间就是会这样，早来总比迟到好。车库里停着巴瓦年轻时开过的车。房子有几个不大但极有用的天井，日光或者雨水皆从天井而下，似乎与我们江南的民居有共同之处，是雨季创造了天井。在科伦坡的街头，发现好些房子是没有空调的，厅廊里常常都有只貌似中国广东产的落地风扇或吊扇。海滩边，黄昏的印度洋更像一张渐变的纸。我看到的颜色，消失得很快，不是淡去的原因，而是因为天色越来越深，越来越重。我想，到了夜里，沙滩上所有的脚印将埋进崭新的沙，并会发出嘭嘭的声音吧。

都说巴瓦是大器晚成，其实只是一种假设。大器晚成是时代赋予他的机遇。我的感觉是敏感与脆弱成就了他，而这些就是他隐藏的天性与少年时光。沙滩上的光越来越弱，直至太阳完全沉进了海里。所有在海边居住的人，都可能深受日出日落的影响。海上的日出日落更让人感到新生与死亡的交替与无奈。离开沙滩时，我有一种预感，可能不会用太久，这个地方将站满来自中国的游客。沙滩上的风，有着天然的腥味，红色石头砌成的大堤上站满了期待生意的人。微笑着弄眼镜蛇的，黑着脸牵马拉客的，左眼外斜着卖虾子煎饼的。我想只要有足够的耐心，

卢努甘卡码头旁的狮子雕塑

生意一定会好起来的。好日子最好放在后面。

国会大厦是 1981 年竣工的，据说是巴瓦的第一个大项目。当然一个设计师并非只有项目大才能证明自己。建筑设计的确很棒，房子不压抑，显得轻巧，传统与现代的结合度不错，中轴线布置，在左右的附属建筑形态与尺度上做了特别的思考。后部的房子有天井，典型的巴瓦风格。在我看来，巴瓦的风格追远点其实就是当地的建筑传统。国会平常是不对外的。我们算是很幸运，正好遇到开放日。国会大厅的设计可以称得上完美。中间的席位分成左右两部，周围为四层阶梯列席位。装饰木材几乎全部是小叶紫檀。绕场一圈有 18 根金属旗帜，分别为斯里兰卡各阶段的国旗。从国会出来，经过科伦坡最大的墓园，一位闲散的行人，把他的人字拖脱了下来，藏进路边的草中，可能是想回来的时候再取了穿上，他似乎更享受光脚的感觉。忽然间觉得人字拖与光脚应该成为这个国家的象征，因为这里面有地理气候，有人文精神。墓园的围墙是铁艺栏杆，白色墓碑深埋在绿植之中，散散落落，有荒凉的感觉，却又不显得杂乱。有一对黄色的当地土狗，正安静地站在街角交尾，不悲不喜，旁若无人。狗的目光远远地投向墓园的深处，有一种多元的宗教气质。

离开科伦坡，沿海岸线北上。在一棵巨大的树下面，一位修行者盘坐着，深灰色的衣裳，深灰色的头发，深灰色的肌肤。我无法看见他的眼睛，只觉得他是另一棵深根的树，静静地抓着一片土地。斯里兰卡的腰果不错，在一个小镇，沿街都是腰肢肥大的女子摆着摊子，而小女孩的腰都非常的细。腰与腰果有什么关系呢？下午两点不到，孩子们就下学了，女孩穿全白连衣裙，男孩子白衬衫，蓝色短裤。让人想起白衣飘飘的年代。路上车子开不快，这条来去只有两车道的公路上挤满了各种车辆，集装箱车、大客车、中巴、TUTU、摩托车，尘土飞扬。好在很有序，一个不让吃乳鸽的地方，人还是比较有善意的。导游说，斯里兰卡也有许多欧美设计师作品，但巴瓦的价值是因为他对自然和谐的思考，他甚至舍不得砍掉一棵树，他的作品有生命力。有生命力，导游又重复了好几遍。

从科伦坡经丹布勒至锡吉里亚，到达目的地坎达拉马遗产酒店。据说这是巴瓦本人最喜欢并得意的设计作品。车子颠簸而行，由公路转向乡间的土路。土路特别的窄，两侧尽是绿树。刚好碰到一条长蛇路过，真的是长蛇，一端已过了马路，另一端尚在路的另一边。 坎达拉马酒店，依山面湖，200 亩地，只做了 167 间房。一夜无话，第二天，早起，走去坎达拉马湖边看水。水边骑象的人刚刚走远，大象的粪便像一堆一堆的小火山，一直消失在浅滩之中。水面平且静，世间万物皆投影其中，只是有些目光不能及而已。湖中的绿岛浮在其中如同佛山自我观照。 在酒店附近，去了 DIYABUBULA 庄园，那是巴瓦的密友拉奇的家。因为拉奇有午睡

卢努甘卡庄园入口建筑廊道

习惯,不常见客。当地导游的本事也是不小,直接与他本人通了电话，约了时间。我们必须在12点前赶到庄园,因为修路,边走边问,终于在11点40分赶到了。庄园入口非常隐秘，好在有一位年轻的园丁早早地在门口候着了。80岁的老先生很健康，与泉水作伴而居，随地形建木舍。从院子里的布置来看,巴瓦许多空间的艺术作品应该出于拉奇。随性空灵。出门的时候，经过一条深深的溪流，司机惊呼，手指之处，我们看到了一尾水蜥蜴。据说在斯里兰卡看到水蜥蜴是吉祥的象征。

斯里兰卡的少年似乎特别爱运动，到处可以见到板球练习场。从庄园回来的路上看见一个少年光着脚骑一辆自行车,到了眼前,我才发现他手里提了一双粉绿色的跑鞋。农田里的稻子已经割完了,一个父亲样子的人,在田里装了排球的网，带着几个孩子在打排球，真是让人感到意外的幸福。

抵达木托塔。入住巴瓦早期作品沙滩旅馆。7小时车程，好在中间听到了一首最新的斯里兰卡流行歌曲。沙滩旅馆的细节非常用心，听说有关项目的会议近两千次。核心水池外围建筑的檐口标高刻意压低，耐人寻味。夜里下了很大的雨，空气潮湿，空调都显得无力，巴瓦在每个房间都设计了吊扇。

卢努甘卡庄园的这块地是巴瓦回国后购买的，从1948年开始建设，几乎是巴瓦建筑实践的基地。地块大约15hm^2，除了地势变化,还借了卢努甘卡(老的湖)作为依托。所有的房子似乎都是原地里生长出来的，尺度宜人。菠萝蜜树、板根树、橡胶树、肉桂树，高大的树几乎把天都遮住了。有风过，如同雨落。巴瓦的身高将近2m,一个迟暮的老人,坐在湖边的椅子上，不知道想了些什么。密友澳洲的唐纳德雕刻赠送的锡兰豹子，静静地躺在码头的石阶上,如同他刚刚来到此地。

途经巴瓦设计的天堂之路别墅酒店，虽然只有十五间房，但公共分享空间之大让人已经感觉不到是在酒店里。陈设极棒！巴瓦

卢努甘卡庄园的小客房

巴瓦在卢努甘卡庄园的工作室

的设计之妙，在于对待老建筑，老院子，甚至一棵树的尊重。采光、通风、地貌、动线、植物、灰空间，这些都是巴瓦作品的特点。但是，在这些特点里却没有设计专业带来的束缚。有人说他的作用如同“地方的神明”，我想这样的建筑与景园让人感受到的生命启示，的确是超越建筑本身的。

赶到了灯塔酒店的落日。每一次去另外一个远离居所的地方，似乎都是一次对于时间的校对，谁都不知道哪一种时间安排才是属于自己的。我看到玻璃窗上红色的光芒逐渐消褪。巴瓦的设计总是让人有不同的惊喜，入口处拉奇的铜合金主题雕塑是这里的灵魂。

加勒，葡萄牙语公鸡的意思。经过加勒小镇，突然就想起澳门买卖街那家公鸡餐厅了。门口的花很好看。到达巴瓦设计的阿洪加拉遗产酒店，大堂前的泳池与海水在视觉上重叠在一起，那些不同颜色的柱列，尺度控制很好，显得气场极开阔。迎宾妹子眼睛真大。用一根银制的勺子盛了些冰糖香料什么的，又充满仪式感地倒入我的掌心。尝了一下，不那么甜，滋味特别，有点催眠的意味。也许今晚能睡个好觉了。

到达阿洪加拉遗产酒店正是日落，离开时已是日出。阿洪加拉酒店保留了几十年前巴瓦设计的原貌，也许是因为这里的海岸线过于平直，巴瓦才把大堂设计得更为通透，让人欣赏到海的另一面。人有差异，海也是不一样的。同样是一片水，海岸线的变化会让海显现不重样的状态。遇到一对新人在拍照，用了那一张巴瓦设计的双人椅。与许多婚礼一样，女的开心明媚，男的心不在焉。以往也参加过几次婚礼，男的似乎都不那么开心，目光不确定。可能是积蓄与兴趣都用光了，信心还没能及时跟上吧。从大局观来说，男人总比女人幼稚。

离开斯里兰卡，最后去看的酒店叫碧水酒店，也有译成深海酒店的。但中国人可能都觉得叫成蓝天碧水的碧水才合乎情理。我们擅长把美好的东西定义成固定的词语意象，比如绿水青山，比如碧海蓝天。未见得好，但似乎又没什么不好。总之，巴瓦便在这么一个名字“乡土气息”浓郁的酒店项目之后停止了他的职业生涯。当然也停止了他的生命。那时应该是在 1995 年前后，巴瓦在他的最后一个项目里寻找到一些突破，比如一处具有神秘气息的 SPA 会所。当时的巴瓦在中风后已经坐轮椅了。一位在当地被誉为“国宝级”的设计师，一位自恋的敏感人，如何面对自己生命消亡中虚弱的身体？这是一个迷。回想到这一点，我忽然感觉到那个以绿坡掩盖的 SPA，更像是一处带有神秘主义风格的灵修地。分别往上的、往后的两个深深的圆洞窗，是接近上帝与回望人间的两种寄托，更是巴瓦留给这个世界的深深一瞥。END

高蓓，建筑师，建筑学博士。曾任美国菲利浦约翰逊及艾伦理奇（PJAR）建筑设计事务所中国总裁，现任美国优联加（UN+）建筑设计事务所总裁。

吃在同济之：那些年我们吃过的饭店

撰 文 | 高蓓

同济附近有很多饭馆，可是本科寝室所有人印象最深刻的都是一家——早已消失的"天下第一拉"。听起来就是一家西北小食的馆子，生意平素很冷清。本科一年级的冬天，大家甫入学不久，却都是饿红眼的状态，一群人第一次一起下馆子，围坐在"第一拉"的圆桌旁边，上来一个菜，十秒以内就连菜汁也不剩了。就这样上了十几个菜，但是桌正中似乎始终只有一个空盘子，大家盯着看，太饿了，话都懒得说。

饥饿的记忆甚为难忘，饱胀的记忆也一样深刻。同济旁边第一家自助餐厅"马大嫂"开了，28 元一位无限量，我和杨、冬宝去吃了整整三小时。回来时，只有我已没气力继续絮絮叨叨，他俩静默而小心翼翼地骑着自行车，缓缓地经过所有地面水泥板的缝隙，因为饱胀的肠胃实在经不起任何颠簸。

人对困窘时的回忆，尤为钟情。当然前提是再也回不去的情况下，否则，那就是另一番景致了。

本科毕业答辩结束的第一天，维伦从台湾来看我，和大家一起去"红辣椒"吃饭。"红辣椒"是一家兰州牛肉面馆，开始开在赤峰路的北侧，想来应该是化隆人进军上海的头阵。很小很小，小到牛肉面的汤筒都要放在门口，热腾腾地散发着浓厚的添加剂的香气。室内没有窗，只能放一张半桌子。没过多久，路边等着吃面的学生越来越多，再没过多久，面馆迁到了路的南边，店堂变大了，水泥地上摆了十来张塑料桌椅。我们吃完面，维伦问我："这里好奇怪哦，为什么擦 pp 的纸和擦嘴巴的纸是一样的？"

我看了一眼他说的卷筒纸，镇静的说："当然不一样，厕所里的是裸装的，你看，桌子上的是装在塑料圆盒里的。"维伦的少见多怪在我们一起搭大巴去黄山的路上得到了彻底的治愈，上了一趟让人永志不忘的路边旱厕以后，他很快就像一个大陆人一样坦然了。

我们毕业旅行回来，一个晚上，他提议请我吃一顿法餐，要去"很高级的餐厅"。我左思右想再想了又想，朦胧中记得乘 55 路经过邮政新村站，好像路边有一家小小的门面，门窗很秀气，灯光暖暖的，门前摆了两盆大大的漂亮的植栽（感官体验充分证明高档餐厅的要素的确是：灯光、层次、尺度、植栽）。好吧，只有这家了。维伦打扮得很整齐，和我走进去一瞧，原来是一家日式回转寿司店。我只有气馁地说："其实我好想吃寿司啊。"

这顿晚餐对我影响深远，从此，我开始探索身处的这个花花世界，掌握的吃喝玩乐的信息量基本相当于“that's shanghai”的半个编辑，活动区域以“法租界”为中心，两年以后，连“sense on the bund”的大厨也认识了。

但是我还是爱吃“小山东”。“小山东”的味道绝非“红辣椒”能比，如果说“红辣椒”是“一滴香”的诱惑，那么“小山东”的味精就要高档很多。“小山东”是一对山东夫妻开的，开在僻静的阜新路。五块钱一碗羊肉汤，十块钱一盘葱爆羊肉，老板下厨，老板娘待客，边吃边聊，就好像到亲戚家坐坐。北方家常滋味加上俨俨的人情味，焉有不好的生意。“小山东”很快就成为我和文子的全球指定餐厅，大家的回校据点。那时候杨已经毕业去工作了，矜持地把衬衫下摆塞在裤子里，背着单肩的背包，小口喝羊肉汤，一副让人想要他来买单的样子。

杨租的房子在国定路附近的一条巷子里，刚开始搬过去的时候，得打地铺，室内只牵了一根绳子，用来挂晾洗的衣服。再便宜的租金其实也不划算，因为杨有一半的时间是在公司熬夜的。如果有“上海梦”，“小山东”和杨都在追逐，看来，山东夫妻俩更快一些。很快密云路开了一家两层的分店，阜新路上的老店也扩大成很像样的餐厅了。夫妻俩都有些宽敞地发福，终日忙忙碌碌，却喜气洋洋的。已经记不清在“小山东”吃过多少顿饭，见过多少朋友，有过多少欢聚。离开同济十多年，再回去看看，先去的还是“小山东”，还没进门，听到一声大叫“高蓓！”，侧身一看，原来是老板娘，聊起从前，分外恍然。有时候，一段岁月的青葱，竟然加密在遥远的人那边。

可是点了几个菜，却一口也难以吃进。难以想象曾屡屡光盘的菜肴，怎么变得糙粗碍口，日光灯和暖光灯杂相照耀着油腻的桌椅，呈现生疏的质地。我记起很多年前，陈林对我说的，人在 30 岁以前是不知道什么是好味道的。

“你是说大学生和民工的口味一样吗？”“是的。”他说。

“那你是没吃过同济南门外面的路边摊，大火热油，米粉加点辣椒香料一翻炒，那个香啊；还有旁边的新疆餐厅，烤串那叫一个爽。”我答道。

“所有的大学旁边，都找不出粤菜店的吧。”他说。

“粤菜，那有什么好吃。”

坐在“小山东”的桌边，我咽不下食物，只能咽下多年前自己的话。

其实，人在 30 岁以前，也是不知道什么是好环境的。不是不能分辨，而是可以将就。

年少的时候，感官的能力和需要都那么旺盛，那么容易让事物充盈着非凡的能量，脑垂体时常分泌的多巴胺，能够轻易地让世界变美。而岁月流逝，开始需要更多丰盛柔和的东西，开始需要更多的美，滋润萎缩的感官。粗疏与激进，精细和衰微，都是一个硬币的两面而已。

大家都说需要沉下心来做设计，其实，当心飞扬的时候不需要设计。

甚至，年轻时遭遇粗鄙和杂芜，会让人逐渐有一种微妙的体验，关于环境变化和尊严感的体会和理解。而设计与诗的最大区别，就在于此吧，诗可以在力量和激情中产生，也可以在诅咒和坍塌上栖息；而设计，大多偏重画意的探现。一个老设计师和一个年轻的诗人，都是对人的状态的赞美。

对我来说，所有的食肆和美食，都比不上同济小吃的炒年糕。闷热的夏日夜晚，九和我在半露天的同济小吃的屋棚下，边吃边笑边说，吊扇的杂音是如此亲切，凉风掠过皮肤表面的风油精，蒸腾了所有的烦恼，留下记忆中永恒的清凉……

还好，它早就被拆掉了，省得去怀旧时多了一番踯躅。在世间，相见永远不如怀念，除了九。END

教授、建筑师、收藏家。
现供职于深圳大学建筑与城市规划学院、东南大学建筑学院。

灯火文明
千盏油灯收藏，半部陶瓷历史（下篇）

撰文、摄影 | 仲德崑

宋代六大窑系油灯

宋代是我国瓷业发展史上的一个繁荣时期。宋代瓷业的繁荣，一方面是宋代政治的、经济的、社会的各种因素共同作用的结果，一方面又是宋代社会、经济、文化繁荣的反映。瓷系与窑系的形成，是我国古代各地制瓷工匠互相学习，不断创新的结果；也是制瓷工艺在传播和发展过程中，受各地不同的自然条件、生活习俗的影响而产生的。而到了宋代，则形成了多种瓷窑体系，大致有六大窑系：北方地区的定窑系、耀州窑系、钧窑系、磁州窑系，南方地区的龙泉青瓷系、景德镇的青白瓷系。

磁州窑系是北方最大的一个民窑体系。这个窑系的窑场分布于今河南、河北、山西三省，而以河北省邯郸市观台镇为典型代表。图1、2的两盏宋磁州窑白釉酱釉阪沿灯，各具特色，相映成趣（图1，2）。

耀州窑系是北方一个巨大的烧造青瓷的窑系。耀州窑系以今陕西省铜川市黄堡镇为代表。产品种类有青瓷、白瓷、黑瓷；北宋时期以烧造青瓷为主。这里展示了两盏宋耀州窑青釉阪沿灯，虽然没有耀州窑典型的刻花工艺，但造型也相当简洁端庄（图3,4）。

钧窑系以河南禹县的钧窑为代表，始烧于北宋，金元时期继续烧造。其突出成就是在釉里掺有铜的氧化物，用还原焰烧出绚丽多彩的窑变釉色。钧釉主要特点是通体天青色与彩霞般的紫红釉相互错综掩映，釉汁肥厚润泽，极为美观。此外还有月白色、天蓝色、海棠红等。图5是我收到的唯一一盏钧窑灯。虽不十分典型，且有残，但也是聊胜于无吧（图5）。

龙泉青瓷窑系属南方青瓷系统。龙泉青瓷窑系的迅速发展，除了龙泉地区自然条件的优越，还因入金以后，北方瓷业衰落，南宋立国水乡、海隅，水上交通发达，有利于商业、贸易的发展。在国内，龙泉青瓷也和景德镇的青白瓷一样，它的产品遍布全国各地并出口海外。这盏宋元龙泉青釉省油灯系香港回流。胎釉刻花都十分典型，是龙泉青瓷的精品（图6）。

景德镇青白瓷又称影青，其釉色介于青白二色之间，青中有白，白中显青，因此称青白瓷。青白瓷釉色的硬度、薄度、透明度以及瓷里莫来石结晶的发达，都达到了现

图1：宋磁州窑白釉酱花阪沿灯

图2：宋磁州窑白釉酱釉阪沿灯

图 3：宋耀州窑青釉瓜楞阪沿灯

图 4：宋耀州窑青釉阪沿灯

图 5：宋钧窑窑变阪沿灯

图 6：宋元龙泉青釉省油灯

图 7：宋湖田窑青白釉莲花灯

图 8：宋湖田窑青白釉油灯

图 9：宋吉州窑黑釉莲瓣灯

图 10：宋吉州窑鹧鸪斑灯

图 11：宋吉州窑玳瑁斑灯盏

图 12：宋吉州釉黄兔毫灯盏

图 13：宋吉州窑桂花黄灯盏

代硬瓷的标准，代表了宋代瓷器的烧造水平。特别是南宋时采用覆烧方法之后，产量倍增，对东南沿海地区的影响极大。自宋迄元，青白瓷盛行不衰，形成了一个著名的青白瓷窑系。宋湖田窑青白釉莲花灯，整体是一朵莲花，应该是佛前的供器（图 7）。这两盏青白釉灯，其釉色菁幽，积釉处有如湖水一湾，难怪人们把景德镇（元代称饶州）的青白瓷称之为“饶玉”（图 8）。

吉州窑是唐宋时期赣南地区（江西吉安）一座举世闻名的综合性瓷窑，具有浓厚的地方风格与艺术特色。吉州窑产品精美丰富，尤以黑釉、木叶天目、剪纸贴花天目、兔毫斑、鹧鸪斑和玳瑁斑著称于世，饮誉中外。人们常常追捧这些品种的茶盏而不易得，殊不知作为日常用具的油灯，却可以收到这些品种（图 9-13）。

福建北部的南平茶洋窑位于闽江上游，是宋元时期烧造陶瓷颇具规模的一处民间窑场，该窑集龙泉窑、景德镇窑、建窑三大窑系为一身，同时具有浓郁的地方特色。烧造的产品有青釉、青白釉、黑釉，还兼烧绿釉和釉下彩绘等。这件宋茶洋窑黑釉罐灯组合灯的特点在于它的罐身既是灯的基座也是储油的容器（图 14）。

元、明、清三代的景德镇窑制瓷业是

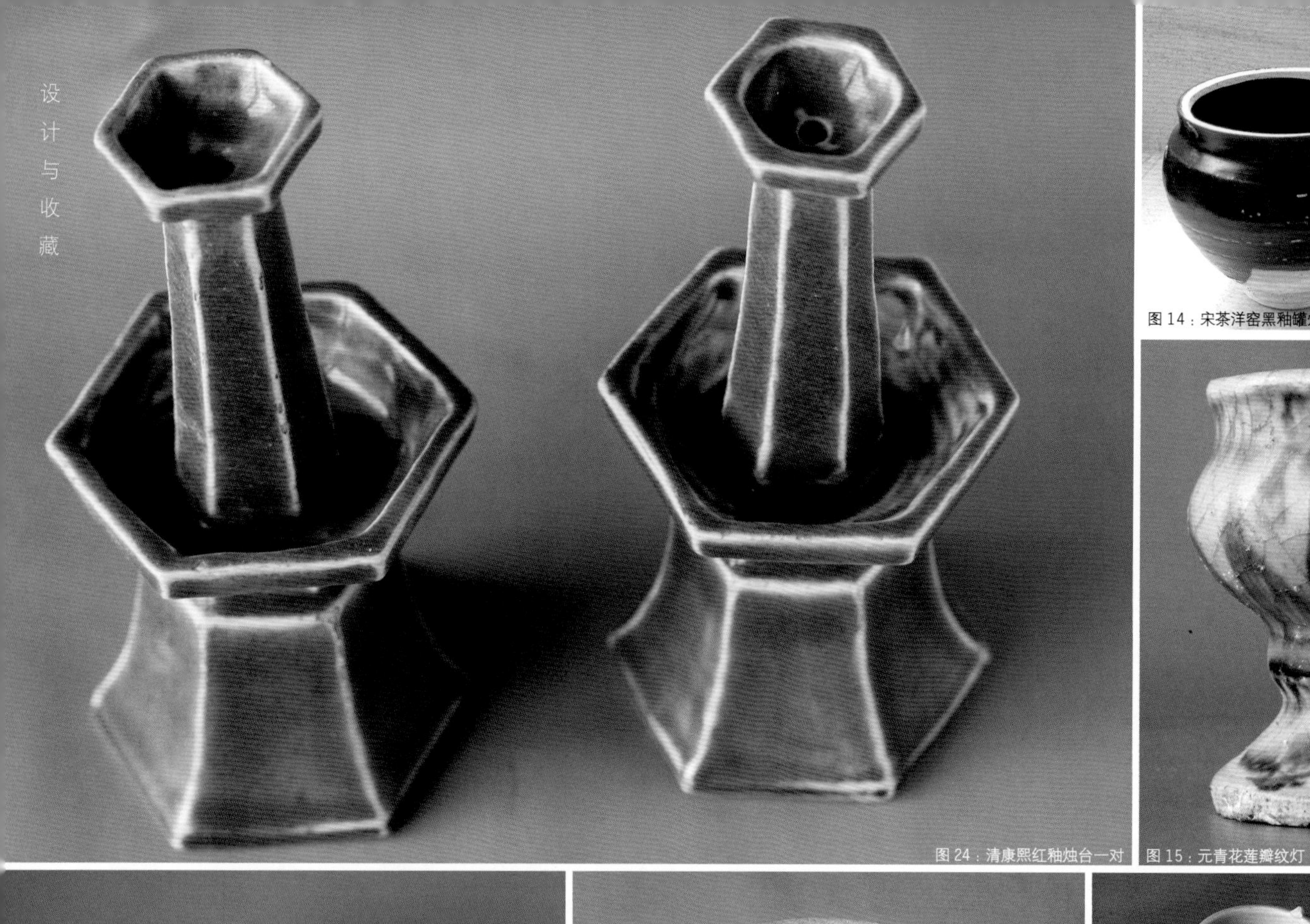

图 24：清康熙红釉烛台一对

图 14：宋茶洋窑黑釉罐灯组合灯

图 15：元青花莲瓣纹灯

图 16：元末明初青花简笔莲瓣纹三头吊灯

图 17：元枢府釉灯

图 18：明青花梅树纹灯

图 19：明青花菊花纹灯

图 20：明青花摘枝花卉纹灯

图 21：明万历九年青花灯盏

图 22：明青花灯盏

图 23：清顺治青花云龙纹灯

图 26：清乾隆青花山水纹灯罩

图 27：清嘉庆道光青花卷草纹镂空罩灯

图 28：清乾隆青花釉里红缠枝莲灯

图 25：清乾隆青花留白云龙纹灯

图 29：民国粉彩山水纹钟形烛台一对

一枝独秀，成为全国制瓷中心。元代宫廷在景德镇设立了全国唯一一所管理陶瓷产业的机构——浮梁瓷局。此外，从元代开始瓷器出口量大增，促进了景德镇的瓷业生产。元代景德镇出现了青花瓷、釉里红瓷，还出现了独具特色的枢府瓷，使我国在瓷器装饰艺术上进入了一个崭新的时代。当然元青花是收藏家梦寐以求的藏品，一个鬼谷子下山大罐的拍出震惊了世界。我想，元代人也要点灯，元青花的油灯，这个可以有（图 15-17）！

明代，以景德镇为中心的官窑日益繁荣，大量生产御用器皿和民用瓷器，代表了明代制瓷水平，宋应星在《天工开物》中就有较为详细的描述。其产品以青花为主流，在元代基础上又有了进一步发展，形成独特的艺术风格（图 18-22）。

清代瓷器，仍以景德镇为中心。在明末连年混战当中，景德镇也受到严重损坏，窑场凋零，匠人四散。直到清顺治十一年才恢复生产，景德镇复为御窑厂。这一时期的产品有明显的过渡时期特征（图 23）。

康熙时期，逐步将景德镇的御窑厂恢复完善，其产品质量更加好转，比前代还略有进步，所以有人认为清代的陶瓷，应从康熙时期开始计算。这一时期在整个清代瓷器发展过程中占有重要地位。康熙十七年，派内务府官员至景德镇，驻厂督造，颜色釉、珐琅彩、粉彩在这一时期有较大的发展。

康熙、雍正和乾隆时期被认为是清代盛世，也是中国古陶瓷发展的鼎盛时期之一，其瓷器生产达到了历史最高水平，制作之精良冠绝于各代。应该说，这一发展趋势基本延续到整个有清一代。清康熙红釉烛台，完整无缺、成双配对，十分喜庆，应该是当时喜庆节日里使用的烛台（图 24）。

下面几件青花灯是清代各朝的产品，都具有很好的收藏和鉴赏价值。其中的清乾隆青花山水纹灯罩应该说代表了清三代青花的很高水平（图 25-27）。

清代瓷器中还有青花釉里红，当然也就相应地有这些品种的油灯。

青花釉里红，俗称“青花加紫”，是在青花间用釉里红加绘纹饰的一种瓷器装饰手法。青花，是指用钴料描绘图案花纹，然后施透明釉，在以 1300℃左右的高温一次烧成的釉下彩。釉里红，是指用铜的氧化物为着色剂配制的彩料，在坯体上描绘纹样，再盖一层青白釉，然后装匣入窑，经 1250℃～1280℃的强还原焰气氛，使高价铜还原成低价铜，呈现娇妍而沉着的红色花纹。釉里红有单独装饰的，但大多数与青花相结合在一起进行装饰而称为“青花釉里红”。其特点既有青花的“幽靓雅致，沉静安定”的特色，又增添了釉里红的丰富艳丽，故而形成了高雅而又朴实的艺术风格。釉里红因烧成合格品很困难，故其产品极为名贵，而将青花和釉里红两种呈色同时烧造，则难度更高。因此，青花釉里红瓷是珍贵的瓷器品种之一。这件清乾隆青花釉里红缠枝莲灯体型硕大，青花和釉里红均发色纯正，极其可贵。虽然没有款识，却有官窑的气势（图 28）。

民国粉彩油灯

清末至民国初，一些文人和工匠将文人画技法和审美意识带入瓷坛，形成了一代画风，其余辉至今犹存。图 29 的粉彩山水纹钟形烛台，就是这一时期的产品（图 29）。END

静谧与光明的交响
——路易斯·康建筑之旅

撰文、摄影 | 潘冉

“对于那些低能的建筑师来说，建筑不过是挣钱的来源。而不像她所应该的那样——创造美感和艺术。对我来说，建筑不是事务，而是我的宗教，我的信仰，我为人类幸福、享乐而为之献身的事业。”

—路易斯·康。

3岁烧伤面颊，50多岁职业生涯才得以起步，73岁出差途中遭遇心脏病突发，孤独离世时仍身负重债。这样一位他人看来笼罩着悲剧色彩的建筑师，则称自己的建筑生涯为喜悦的一生。上个世纪的建筑浪潮中，他的建筑突破了时代的局限，传承下来的是超越时代的永存风格。

19世纪末，芝加哥学派建筑师沙利文宣扬“形式随从功能”的口号，认为建筑设计应由内而外，须反映建筑形式与使用功能的一致性。随之而来是现代功能主义建筑浪潮。但激进的功能主义主要针对建筑使用最基本的要求，无法解决纪念性的问题。

康认为建筑传递给人们的惊喜，绝不可能随意产生或是建筑师有意加入，之所以建成后能让人感受到，是因为它本存在于设计之前。康通过建筑表达着他的认知、他的欲望、他的喜悦、他的悲怆，表达着他和世界和他人甚至是和自身的关系。

建筑不可能说谎，身临其境的体验者感受着惊喜的同时也都会有认识了建筑师的感觉，就像亲眼目睹了设计过程一样。有些感受很难用语言描述，因理解差异，这趟旅途也一直伴随着与友人的辩论。这篇游记主要由个人主观的入境者角度去剖析康的建筑特征，并试图揣摩他的建筑哲思。

1-3 萨尔克生物研究所

1 2 | 3 4 5

1-5 耶鲁大学美术馆

古典与现代的完美结合

——耶鲁大学美术馆

位于美国康涅狄格州纽黑文市的约克街，成立于1832年，后建于1926年的耶鲁大学美术馆（Yale University Art Gallery），由当时的著名建筑师Egerton Swartwout设计，外观更像一座修道院，散发着中世纪的醇厚气质。

1951年在耶鲁大学做建筑学访问学者和建筑评论人的美国建筑师路易斯·康接手美术馆新馆的设计，与原有哥特式古典建筑的老馆相连，外立面简洁、古拙，大面积砖墙与历史悠久的古典建筑形态寻找到视觉重量上的平衡，同时被钢制构件精心分割的玻璃面亦标明其自身的时代身份。在朝向主要街道的立面上没有开窗，大理石的水平分割线延续了老美术馆的哥特建筑大窗比例，同时暗示了内部楼层分割和空间构成，显得克制而朴素。一个放大型的"迷宫格式"入口，从连接处侧方向步入，拾阶而上经历灰空间抵达美术馆大厅，体验感层层递进，态度谦卑，使用高效。

内部空间由垂直交通和对称式展厅组成，与原建筑的连接空间配合梯段式下沉庭院组合，也正是康后来提出的"服务"与"被服务"空间的基本形态初现。垂直交通（服务空间）被布置在中轴线位置，两侧衔接展览空间（被服务空间）。平面布局呈三角形的步行楼梯被放置在圆柱形清水混凝土空间内，由屋面延伸至地下，并在底层形成架空，黑色石料制成的踏板与支撑结构形成咬合，一个看似沉重的垂直交通变得轻盈。而为此空间注入灵魂的另一个端点，正是以三角形为母题的梁板将圆形屋面托举而上，形成立面断离，又似是被环形光线分解的几何体在黑暗中生长出该有的姿态。不同于对光线的粗野支配，这里的建筑与光共同作用形成了一个赋予精神的场域——光成了诱因，为了纪念性！

被看作是被服务空间的展厅部分，楼板采用三角形带肋混凝土结构，将照明、给水等机电系统全部隐藏其中，同时也免除了附加于建筑之上装饰顶棚，功能与艺术精妙结合。塑造出大跨度的空间同时尽可能削弱管线对建筑空间的负面作用，将其全部收纳，形成了美妙韵律，并与服务空间顶部三角形母题呼应。照明灯光安置在三角梁盖内部，灯光经过折射雾化更显柔和。

柯布西耶在处理一系列建筑时为了加强空间的流动会倾向于采用圆形柱，这种手法在康的建筑中几乎无处寻觅。与"墙前柱后"的柯布及"柱前墙后"的密斯不同，康并不将柱与墙区分对待，他认为，"一排柱子就是一排不完整的墙，而不是别的什么。"如此，在他塑造的空间里配合顶部大跨度梁网的是"断裂的墙体"——方柱，而三角梁网与方柱间结合建构出稳定的结构空间关系。

在对内部细节的打磨中，楼梯台阶大理石的处理，混凝土墙面的分缝，栏杆的精心设计都显示出建筑师对于建筑细部的热情。康用现代的建筑理念结合古典哲学、诗化的建筑语言做出了完美的建筑诠释并为自己树立了第一座丰碑。

EXIT

1-4 耶鲁大学英国艺术中心

不朽的遗世之作

——耶鲁大学英国艺术中心

与耶鲁大学美术馆临街而立，耶鲁大学英国艺术中心（Yale Center for British Art）完成于1974年康死后，1977年4月19日向公众开放。作为康的人生最后一个作品，其内部空间处处透露着对于建筑“透明性”的终生探索。

隔街相望，建筑外观传递出内省的精神性特征，不同于其他作品中典型的混凝土和砖作为主要构筑物料，采用磨砂钢板和反光玻璃以模块化的组合方式，填充于被立面柱网均匀分割的方块中。主入口被放置在建筑一角的模数退让空间内，和他本人一样，外表谦卑，建筑内部却精美巧妙。光亮的橡木墙板和石灰华地面通过玻璃正面的过滤，光线在内庭的墙壁与地面留下晕染的辉光。

与成名作耶鲁大学美术馆相同的是，步行交通依旧被放置在圆柱形空间内，顶面采光由半透明玻璃砖排列出的四边形阵列，对由顶面引入的自然光进行二次分配，更为深入地解读了光的可能性。展览区顶面大尺度的预制空腹梁结构将管线和设备收纳其中，预留出完整的采光顶棚，惊叹于这位建筑诗哲的美学认知及技术水平。康着重细部，但精美的细部并不会产生喧宾夺主的感觉，细部之间相互组合而成的建筑整体与光线配合建造出统一的场域氛围，使人沉醉其中直至遗忘建筑本身。

Transparency——透明性，界面之间相互依存的关系。在艺术及建筑领域都占有极其重要的位置，一度成为评价艺术作品的标准。康在这个项目中通过对秩序层次的梳理以及立面叠加营造的透视现象，将空间背后的空间及更深处传递到我们面前。垂直方向仍然沿袭了虚实排列及几何叠加的处理手法，维度之间的相互依存，使我们在这样的透视关系中，不再只局限于面对面的关系。这里，人与空间相互作用，空间与潜空间相互作用。启发出无尽遐想。

纪录片中，有人这样评价他“也许他就是被做成矮个子、丑陋、声音沙哑的犹太人，而且不善于与人相处……这样才让他能够探索内在。”也许他就是被做成这样，才会执着于对美的内在追求。

1 2 3 4

1-4 理查德医学研究中心

竖向秩序——理查德医学研究中心

费城，一个看似凋零的城市，而在当年的建筑界，因为“理查德医学研究中心”（RICHARDS MEDICAL RESEARCH BUILDING Philadelphia, Pennsylvania）的落成催生了由康领衔的“费城学派”的诞生！并引发了“功能”和“形式”的长久讨论，实验楼于1961年落成，两年以后，又在医学楼旁接出生物楼。这是康在宾大学习执教过程中唯一建造的建筑。建筑落成后因为眩光的实验室窗户被使用者诟病的同时，却受到了建筑师们的极大推崇，并被沙利文称赞为“结构的胜利。”

宾夕法尼亚大学内的建筑似乎很容易让人联想成实验室，寻找“理查德医学研究中心”颇费周折，几经反转，在一片绿荫的簇拥下露出塔楼挺拔的一角，依旧是纪念性的气质。

平面布局似有一种隐形的正交网格柱体布局藏匿其中，使工作楼划分为九宫格形式，旨在复活被现代构成解体的平面中心，体现“拉丁十字的高度对称性”，主轴节奏明晰。单元入口在正交网格的控制下，产生了井字形的平面承重布置，从而解放了角部，用塔楼加强被服务空间的轴线，辅助空间被单独分离出来，沿工作室的轴线布置，北端额外增加一座塔楼，用以强化北向工作楼作为入口部分的标识性，体现了北端作为入口的独特地位。

康巧妙地把工作室、实验室、动物研究、管理、办公等内容分布在一种以“社区单元”为概念的竖向序列空间中，高耸的塔楼串联各“社区单元”形成整个建筑。不同空间的独立意味带来了结构上的解体，但仍然能感受到动态中的对称性，平面的轴线关系非常清晰。竖向排布的塔楼强调出立面竖轴形态，传递给人们强烈的视觉体验。T型窗，将窗的采光与通风需求分别解决，对于立面的完整性起到了积极的作用，形成了建筑师鲜明的个人风格。康曾经说：“我不喜欢线路，我不喜欢管道，我是完完全全恨透了它们，但是正因为我恨透了它们，我觉得它们应该被给予特定的位置，如果因为厌恶弃之不理，它们就会反过来侵袭建筑。”这栋建筑中水平的空腹梁与竖向的塔楼的配合为解决管线问题提供了完美的方式。康将他“恨”的管线安置进了“爱”的塔楼中。

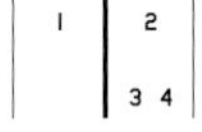

1-4 萨尔克生物研究所

混凝土与砾石的神庙

——萨尔克生物研究所

一位年轻的建筑师引领我们开启了这一段让人着迷的旅程，非常凑巧的是他从业的事务所正是康的弟子所创办的。当我们驱车四个小时穿越沙漠到达目的地时，这座久负盛名的建筑正在进行维护工作。不知是不是被我们不远万里诚意感动，管理人员竟然破例允许了我们的参观。

萨尔克生物研究所（Salk Institute）位于美国加州圣迭戈市拉霍亚（La Jolla，California）北郊悬崖上，西向大海，面临壮观的大西洋。基地内是高台地和峡谷，环境深幽，和其他世界缺少联系。在这种孤寂的环境下，据说当年萨尔克先生为了能将科学家留在这里，对康的设计要求是“希望能建造一栋最美的建筑，即便是毕加索来了也不愿意离去”。而康确实做到了这点。在我们以往的认知中，建筑艺术归属于一种独特的艺术范畴。建筑作品由于特殊的体量关系、复杂程度、工艺技术以及材料特性的制约，用艺术品的表达几乎不可能实现。萨尔克研究所突破了建筑艺术性的界限，传达出强烈的精神力及建筑信仰，利用美的创造来实现与现实世界的抗争。

由中轴侧边大门进入，经过一组对称式建筑后，沿整块石料切割而成的踏步向上，进入一个类似于“桥”的领地，研究所最重要的建筑群已尽收眼底。其形态更像是来源于意大利阿西西的修道院，建筑主体全部采用钢筋混凝土结构，木材作为围护部分与混凝土间采取剥离的手法隔断处理。混凝土由于混合当地大理石的粉末而呈现出轻微的粉红色调，偏暖的色调带走了混凝土的冰冷质感与木材相互和谐，与基地色调呼应，仿佛由场地生长出一般。两组研究楼沿中庭广场相互对称，侧向大海，仿佛海边神庙宁静致远，超越物质的空间精神性隐射出观者内心，唤醒共鸣感受。

中心广场上正直的水线居于轴线位置，强调了空间的对称和指向性。水流始于矩形的源头并指向尽端的太平洋，将可量度的距离，引入不可量度的想象，源头和归处的含蓄隐喻，暗示生命的起始。广场两侧的建筑柱廊限定出中央的大厅空间，区分出空间的主次，同时形成空间纵向的方向性，海的声音、风的声音、鸟翅拍打的声音、脚步的声音，陪伴着沉默的建筑。广场阶梯式向海面下沉，场地的高低改变着我们的视点，上下间形成不同的水平变化，邀请人们接近、接近更接近海面，最终海天一色。

而在最初的设计中，庭院被一个狭窄的水渠平分，沿着水渠种植了两排意大利柏树。直到康邀请路易斯·巴拉干为当时还未完成的中庭广场提些建议，康经常提及这样一段经历：“当他进入这个空间的时候，他走到混凝土墙的旁边，抚摸着它们，并表达了对它们的喜爱。当他的视线穿过这个空间望向大海的时候，他说，‘我不会在这里种一棵树或一片草。这里应当是一个石头的广场而不应是个花园。’我和萨尔克四目相对，都觉得这个想法非常正确。他感觉到我们的赞赏，又高兴地补充说，‘如果你把它建成一个广场，将会获得一个立面——一个朝向天空的立面。”

当年，萨尔克生物研究所建成后的美轮美奂，不但留住了世界上最顶尖的科学家不愿离去，也让作为康的助手参与了整个设计的杰克卡斯特蒙没有离开，并且，在有生之年都不打算离开。

建筑不可能说谎，身临其境的体验者感受着惊喜的同时也都会有认识了建筑师的感觉，就像亲眼目睹了设计过程一样。旅行虽然短暂，却使人感受良多，而康的建筑信仰亦将继续引领我们前行，尽管路程艰辛，吾亦甘之若饴。END

ZeVa 里凡举行三大系列媒体预览会

2016年6月1日，德国顶级生活品牌ZeVa里凡于上海厨卫展举办盛大的“三大系列”媒体发布会，本次发布会的主题以ZeVa里凡傲视全球的创新技术和生活艺术相融合的态度，展现对“以人为本”的不断探索。由ZeVa里凡位于德国Darmstadt总部的设计团队操刀设计的展区，占地约100m²，全新展场的设计充分展现了ZeVa里凡提倡的生活美学以及对大自然探索的精神，亦彰显创意无限的“融合的艺术”的概念。自展厅入口处开始，隐约窥见的幽幽蓝光映衬了展场“奇幻之旅”的设计主题，更体现了ZeVa里凡对于人类生命之源——“水”的探索。三大系列涵盖了我们生活中的自然、哲学和文化的三大面向，而在此三大系列当中的15项作品，并已荣获全球30个国际设计大奖的肯定。

格拉斯发布全新力作

近日，全球顶级家具五金件（五金件装修效果图）品牌格拉斯在中国（上海）国际厨房、卫浴设施展览会上发布了全新力作斯卡拉、维罗娜和天魔师，这是格拉斯在国内的首秀。

传承诺瓦豪华阻尼抽技术，附以全新的设计理念——“轻薄，明亮，简洁”，斯卡拉豪华阻尼抽为个性化设计提供了最大的空间，每个角度都无懈可击的完美，可应用原木、玻璃或者其他任何元素作为装饰。维罗娜超薄阻尼抽，运用坦泊导轨技术，采用极简设计风来定义纯粹，成就格拉斯抽屉系列顶级品牌。侧帮厚度仅13mm，具有极强视觉冲击力和耀目金属质感，与格拉斯抽屉分割件恬瓦娜91共同使用，让您的家居或办公环境更加时尚美观。

Roca 乐家开启个性化卫浴时代

2016年6月1日，欧洲卫浴领导品牌Roca乐家亮相中国国际厨房、卫浴设施展览会，现场呈现智能座厕展区、生活空间展区和全新系列INSPIRA英佩拉展区等7大主题展区，给消费者带来与众不同的卫浴之旅。

展会现场，乐家为消费者带来三大先锋科技，诠释未来卫浴空间，通过互动科技营造出交互型、浸没式的交流氛围。智能座厕展区为每一款产品设置了前后双屏投影，经典、简约的欧式生活风瞬间将参观者包围。而在生活空间展区，Roca乐家为每个个性空间都准备了Visual Reality视频，参观者带上专业眼镜即可身临其境地体验到不同个性的卫浴空间之美。此次展会中，Roca乐家带来了一站式欧式卫浴空间解决方案。参观者不仅近距离体验智能卫浴产品，更亲身感受不同的个性化卫浴空间。

“智慧设计 畅享生活”
2016设计师论坛落幕

6月2日下午，由世界知名卫浴品牌德国高仪主办，国际时尚设计杂志《诠释TRENDS》协办的“智慧设计 畅享生活”2016设计师论坛在上海证大喜马拉雅中心盛大举行。本次论坛特邀了泛纳设计事务所创始人、香港室内设计协会副会长潘鸿彬先生、骊住水科技集团首席设计官Paul Flowers先生、骊住水科技集团亚太区首席执行官Bijoy Mohan、高仪大中华区总经理陶江女士等嘉宾出席活动。与沪上来自建筑、室内和产品等不同领域的百余位设计师展开了一场关于智慧设计探讨。在此次论坛上，高仪发布了具有里程碑意义的新品——雅瑞娜智能座厕。新品采用日本离子技术，结合注重人文体验的工艺设计，应用在卫浴产品上，让设计与技术的完美匹配，带来独一无二的使用体验。

“2016年by iF家居风尚大奖”
正式接受报名

2016年6月30日，法兰克福展览（香港）有限公司在上海外滩22号JAB展厅，发布了将于8月24日开幕中国国际家纺秋季展，以及9月20日亮相的上海时尚家居展的相关讯息。

上海时尚家居展是国内唯一定位中高端家居市场的专业家居贸易平台，家居风尚大奖作为上海时尚家居展的主要奖项活动之一，目前是中国唯一为家居用品行业所设立的评选盛事。今年，iF Design Asia再度受邀，联手法兰克福展览（上海）有限公司共同筹办“2016年by iF家居风尚大奖”，与上海时尚家居展同期举办。今年是家居风尚大奖举办的第9年，报名截止日期为2016年8月31日。

在线注册报名现已正式开放，欲了解更多报名流程和相关信息，请浏览http://ifworlddesignguide.com/home-style。

“一苇可航”
多少艺品沙龙

2016年6月3日，“一苇可航”多少艺品沙龙于位于上海市莫干山路50号17号楼的“多少小宅”正式开幕。本次展览由艺术家蒋崇无担任策展人，展出了其本人多年来珍藏的十余幅艺术作品，并将这些书法、绘画、摄影作品一并融入“多少小宅”充满人文艺术气息的居家场景空间中，向众人展现了艺术与家具、居住空间、日常生活之间互相映照、互为彼岸的紧密而微妙的关系。

“我们用微不足道的行动，向久违了的古人做出一点谦卑的回应。”策展人蒋崇无表示，“今日，我们郑重地将艺术安放在多少空间，在丹青笔墨与木直中绳的‘艺’与‘器’间，迷离地奔驰于江皋的野马尘埃，彼此一苇可航，互为彼岸。我们希望这相互映照的‘艺场’与‘器场’，能将多少空间营造出更为温润自在的气场。”

ILTM Asia 在沪举行

国际豪华旅游博览会（ILTM Asia）于2016年5月30日至6月2日在上海展览馆举办，是为全球豪华旅游业界专设的年度商务活动，汇集了世界上抢手的目的地、超豪华的住宿、一流的交通和独特的旅行体验。一杆酒店集团争先恐后发布了自家最新的酒店趋势，“重磅炸弹”让人目不暇接。比如北京王府半岛酒店即将重装上阵、北京文华东方亦将浴火重生重新开张、高冷的安缦上海度假村也揭开了神秘的面纱、One&Only中国首家酒店将落户三亚等等；而各大老牌酒店集团也发布了许多重磅消息，比如凯悦发布了全新的主打潮流设计的品牌Unbound Collection by Hyatt；四季酒店推出3条环球私飞线路，其中包括与NOMA合作的环球美食探索之旅，主打度假休闲的环球度假之旅以及注重人文风情体验的澎湃世界杯探索之旅；丽晶酒店也宣布将在中国新增3家酒店。

展会期间，胡润研究院首次与万豪国际集团合作，联合发布了《2016中国奢华旅游白皮书》。这份报告深入研究了中国“80后”年轻一代高端旅游者的旅游方式、旅游消费情况，并对未来的旅游趋势进行了全面数据化呈现。据统计，未来三年年轻一代高端旅游者意愿选择更远的旅游目的地如美洲、大洋洲、非洲、中东和南北极的比例将大幅上升。同时白皮书研究发现，相比他们的上一代，“80后”高端旅游者更喜欢酒店的电子化互动式服务，青睐高科技数字化设备。

玛祖铭立20周年庆典暨新品发布会

2016年6月28日，玛祖铭立（MATSU）在上海长阳创谷隆重举行20周年庆典暨新品发布会，来自国内外的近五百位设计师及企业高管共襄盛举。MATSU突破以往的传统新品发布模式，将硬线条的办公空间与柔性的艺术氛围相结合，通过灯光色彩，舞者之魂、家具之灵，重新让这些本应被关注的“生命”苏醒，让“他们”拥有生命力，用艺术表演的方式开启“办公室奇妙夜”，以唤醒人们关注办公生活，关注高效与健康，让大众的目光投注于办公家具，这才是“生命（办公家具）”舞动时最好的聚光灯。玛祖铭立的艺术形象片——《办公室奇妙夜》亦在庆典现场公映，该片由《十月围城》摄制组、灯光组倾力为艺术片塑造灯光氛围，并邀请舞剧《夜宴》主演吴焱作为舞蹈指导，原总政歌舞团首席演员周丽君亲自参与舞蹈。

“俯瞰加泰罗尼亚”摄影展开幕

欧洲著名航空旅游风光摄影师Yann Arthus-Bertrand的摄影展“俯瞰加泰罗尼亚”近日在Roca乐家上海艺术廊拉开序幕，这是继高迪展之后，Roca乐家艺术廊再次引入艺术名家作品。Bertrand是著名航空旅游风光摄影师，一次偶然的机会让他从热气球上发现了从天空俯瞰这个星球的特殊的美丽，由此开启了摄影的独特视角。在此后的十年间，Bertrand乘坐直升机飞行数百万公里，在100多个国家和地区的空中拍摄了30多万张照片。其作品多次登上知名刊物，并以“俯瞰”为主题，出版了多本摄影巨著。早在2006年，加泰罗尼亚旅游局找到了Bertrand，提出了拍摄“俯瞰加泰罗尼亚”系列摄影的想法。通过多年努力，作品终于在2015年推出，并先后在巴塞罗那、巴黎及其他欧洲国家的首都展出，广受好评。

非常建筑：脚踏车……宅！

2016年6月26日，“非常建筑：脚踏车……宅！”设计展开幕。张永和亲临现场，带领嘉宾导览，并与特别嘉宾李翔宁、张达、高庶三带来精彩对谈，开幕讲座“由脚踏车引发的一切……生活上的私题”亦同时举行。

本次展览主要展出非常建筑创作的“脚踏车宅”设计提案，这是非常建筑第一次以脚踏车为题做个展。展览分布于Dr. White一、二、三层，内容包括一层橱窗中可与观展人互动的装置“脚踏车窗”，二层展区中的“脚踏车公寓”图纸及模型，三层观影区是以“脚踏车简史”为题的两部短片。张永和提到，什么是最便捷的出行方式？就是想在哪停，就在哪停。在车水马龙的现代都市，我们浪费了太多的时间在堵车和停车上，所以，自行车作为一种曾经风靡全球的交通工具，又再次走进了大家的视线，因为它的便利，也因为它的自由。现在的自行车，不仅仅是一种可供选择的交通工具，更是一种新的生活方式。展览在衡山・和集（上海市徐汇区衡山路880号）展出，将于8月31日结束。